直升机搜救

王 磊　谭 星
戴 静　张 飞　编著

西北工业大学出版社
西安

【内容简介】 本书分为 6 章,内容包括直升机搜救的基础知识展开,主要介绍了直升机搜救的定义、航空搜救体系框架、直升机搜救装备、直升机搜救任务、直升机搜救行动等内容。同时,对直升机搜救进行了解读,包括直升机搜救的基本构成,空中救生员的基本处置程序等。

本书主要面向从事直升机搜救工作的相关技术人员和组织指挥人员,同时对初涉此领域的空中救生员具有较好的指导作用。

图书在版编目(CIP)数据

直升机搜救 / 王磊等编著. —西安 : 西北工业大学出版社,2022.11
ISBN 978 - 7 - 5612 - 8505 - 3

Ⅰ. ①直… Ⅱ. ①王… Ⅲ. ①直升机-救生-基本知识 Ⅳ. ①V244

中国版本图书馆 CIP 数据核字(2022)第 230684 号

ZHISHENGJI SOUJIU

直 升 机 搜 救

王磊 谭星 戴静 张飞 编著

责任编辑:华一瑾		策划编辑:华一瑾	
责任校对:孙 倩 王 水		装帧设计:李 飞	

出版发行:西北工业大学出版社
通信地址:西安市友谊西路 127 号　　邮编:710072
电　　话:(029)88493844,88491757
网　　址:www.nwpup.com
印　刷　者:陕西奇彩印务有限责任公司
开　　本:787 mm×1 092 mm　　1/16
印　　张:12
字　　数:285 千字
版　　次:2022 年 11 月第 1 版　　2022 年 11 月第 1 次印刷
书　　号:ISBN 978 - 7 - 5612 - 8505 - 3
定　　价:68.00 元

前言

直升机搜救是利用直升机平台，采用航空技术手段和技术装备实施的一种应急搜救活动。由于使用了专业化的航空搜救平台，需要通过特定的救援主体实施救援，并需要贯彻专业化的搜救原则。直升机搜救充分体现了快速反应、高效救援的原则，应用领域广泛、适用性强，在复杂地形（水面）吊救、救生物资投送、战场搜救、医疗转运等方面发挥着越来越重要的作用。然而，当前直升机搜救方面的同类著作相对较少，缺乏系统体系性的解读和论述。本书从基础理论入手，逐步上升到组织层面和应用层面，对现阶段制约我国直升机搜救的体系框架、组织模式、指挥协同、现场组织等多方面内容进行了深入的研究和解读，对提升我国直升机搜救能力和效率具有重要意义。笔者在直升机搜救教学和科研工作中，发现虽然在一线实践领域我国已经基本具有搜救能力，但一直没有系统的、科学的、全面的直升机搜救指导用书。为解决这种现实情况，为我国直升机搜救领域的人才培养、日常训练和全面发展提供支撑。笔者在总结教学训练经验，参阅大量文献资料基础上编著了本书。

本书围绕直升机搜救的知识内容展开，全书分6章，主要介绍了直升机搜救的基础、平台、装备、任务、行动和具体程序等内容。第一章从灾害特点入手，分析了直升机搜救的典型应用和行动特点，介绍了通用航空体系并构建了我国航空搜救体系架构；第二章按照轻型、中型和重型等直升机的类别，分别梳理了世界主流的搜救直升机；第三章全面总结了辅助搜救设备、机载搜救设备和人员营救装备；第四章详细介绍了直升机搜救任务；第五章对直升机搜救行动进行了全面剖析，对拦截护航、搜索定位及悬停吊救等关键行动进行了深入剖析；第六章从基本营救程序、接近程序和现场处置程序等方面，对吊救员的基本处置程序进行了详细介绍。全书基本覆盖了直升机搜救行动中所有的阶段、行动和装备，对指导直升机的搜救工作具有较高的指导价值。

本书撰写分工为：王磊负责第一章、第三章、第五章、第六章内容的撰写，谭星负责第四章内容的撰写，戴静、张飞负责第二章内容的撰写。

在本书撰写过程中，得到了田绍宁、孙纲要、刘先刚、严顺调、刘毅、杨鹏程等和一线搜救人员的指导与帮助，孙静对本书涉及的外文资料进行了翻译；笔者写作本书曾参阅了相关文献资料，在此，谨向给予指导帮助和文献资料的作者，一并表示由衷的感谢。

由于水平有限，书中难免存在不足之处，恳请广大读者批评指正。

编著者

2022年7月

目录

第一章　直升机搜救基础

第一节　直升机搜救概述

直升机搜救是利用直升机平台,采用航空技术手段和技术装备实施的一种应急搜救活动,在其他相关系统、装备、人员和技术的支持下,对因灾害或战争导致的人员或财产损失而采取的保护性、救助性和恢复性的航空搜救行动。直升机搜救在救援目的和对象上与其他应急救援方式没有本质区别,其独特之处就在于所使用的技术、装备和组织管理模式。直升机搜救活动中,由于使用了专业化的航空搜救平台,需要通过特定的救援主体实施救援,并需要贯彻专业化的搜救原则。直升机搜救充分体现了快速反应、高效救援的原则,应用领域广泛、适用性强,既要应对传统的安全威胁,又要应对各类非传统安全威胁;既要维护社会安全稳定,又要维护人民生命及财产安全,在人类应急救援领域发挥着更大的作用。

一、直升机搜救的行动特点

相对于传统的搜救方式和搜救手段,以直升机搜救平台为中心的航空搜救从功能和覆盖范围来看,具有以下特点。

1.覆盖范围广

从救援距离角度讲,救援直升机的航程一般在 600~800 km,加装了副油箱的直升机还可以扩展到 2 000 km 左右,而且由于直升机的平台特性,直升机救援距离一般不受地形地物影响,多数情况下其救援范围是其航程距离的一半左右,且在特殊情况下可以通过转场救援的方式加大搜救半径,在搜救目标附近就近保障救援实施。可见,相对于地面运输工具来讲,直升机救援距离要更远。

从救援地域角度讲,直升机搜救可以在海面、丛林、高山、河流、建筑物、移动平台等任意地点实施,这是其他陆地和水上交通方式难以实现的。首先,它对到达地域的地面状况无特殊需求,可以全范围到达;其次,它对救援地域的场地要求不高或无要求。在有条件实施机降时可以通过机降救援方式进行救援,在地面环境复杂时可以通过机载绞车实施吊救,这也是航空搜救的主要特色之一。

2. 到达速度快

灾害的发生往往伴随着大风、大雨、大雪等恶劣的自然环境,有时会发生在人员密集的城市中心区域或交通不便的荒郊、山区等位置。而且灾害具有突发性和紧迫性特点,任何延误都可能造成灾害的进一步恶化或进一步扩散,直升机搜救具有快速响应的优势,在复杂环境下,能够保证第一时间到达灾难现场,满足救灾快速反应的需求。

从机动速度方面讲。搜救直升机的飞行速度一般都在 $200 \sim 300 \ km \cdot h^{-1}$,相对地面搜救工具 $20 \sim 120 \ km \cdot h^{-1}$、水面搜救工具 $60 \sim 100 \ km \cdot h^{-1}$ 的救援速度来讲,直升机平台的响应和救援效率明显要高,更能够在短时间内到达目标地域并实施快速的救援。

从机动方式方面讲。直升机接近目标地域的方式一般都采用直线接近的方式,不受地形、地物、水文等因素的影响,能够最大限度地缩小和目标之间的距离。而地面及水面搜救平台往往不能实现直线到达,经常会因为路况、障碍物、平台能力等原因通过绕行的方式才能到达目标地域,甚至在有些时候都无法到达目标地域,只能接近目标地域。

从响应速度方面讲。国内外所有担负搜救任务的直升机平台,都建立了相对完善的响应机制,能够在短时间内备航完毕并实施救援。就我国来讲,担负直升机搜救任务的无论是交通运输部门,还是消防部门或民航部门,都建立了完善的值班响应制度,能够在得到准确的救援需求信息的情况下迅速起飞,执行相关救援任务。例如,中国交通部救助打捞局的救援直升机能够在 15 min 内做好备航准备。

3. 科技含量高

在技术支撑方面。直升机搜救行动的实施一般需要使用技术含量高的航空器材以及通信、导航、医疗、光学和卫星等高新技术。同时为提高搜救效率和救援能力,很多国家都已考虑使用无人机进行灾害的现场勘查,或出动无人机与直升机配合,对遇险人员的预定区域进行搜索、航空摄影。

在人员支撑方面。直升机搜救活动的开展要依赖于多个技术岗位人员的通力合作才能高效完成,首先,需要技术过硬的飞行驾驶人员操纵直升机平台,尤其在恶劣天气和环境下实现平稳操控;其次,需要经验丰富的航空医护人员对人员进行及时、准确、高效的医疗救护;再次,地面情况复杂时还需要专业的绞车手和救生员通过吊救方式实施救援;最后,还需要航管、领航、机务等其他技术保障人员对直升机平台本身的安全和行动进行保障和维护。

4. 救援效果好

在搜索支撑方面。搜救人员在完成救援任务之前,还需要迅速寻找并定位到被救目标,这在通信设施良好、视野开阔、救生装备正确使用时的简单救援地域和环境中较为容易实现,但直升机搜救需求一般都出现在救援距离远、搜索范围大、地面情况复杂、视线不清、通信设备无法正常使用、定位困难等复杂环境中,直升机搜救平台可以为搜救人员提供较为开阔的视野和红外等辅助搜索装备,可以有效缩短搜索时间,为救援实施提供支撑。

在营救支撑方面。直升机搜救平台可以接近绝大多数的救援位置、地域和水域，并根据地形、地貌和地物采用不同的营救方式进行救援。如果地面情况允许可直接实施机降救援，有利于缩短搜救时间，提高搜救效率；在地面情况复杂、搜救平台无法接近和停靠位置，直升机搜救平台可以在绞车手、救生员的操作下通过吊救的方式完成对遇险人员营救，尽可能地降低人员损失。

在救护支撑方面。直升机搜救平台有适航性良好的医疗救援装备和医护人员，可以第一时间对人员进行专业的紧急处置和救护。并在最短时间内将其送到具有响应救护能力的医疗机构，有利于人员的应急处置和后期恢复。

二、直升机搜救平台的典型应用

1.复杂地形（水面）悬停吊救

复杂地形（水面）悬停吊救只能由旋翼搜救平台即直升机平台实施，也是直升机搜救平台最典型的搜救应用。它是利用旋翼平台能够在一定高度稳定飞行的特性，在机组的配合下，由绞车手控制安装在直升机上的绞车下放空中救生员，救生员利用救援带、救援吊架等吊救装备最终完成人员简易处置及吊救入舱的救援方式。这种方式一般用于地面或水面（海面）条件相对复杂，直升机无法实施机降救援时。

2.救生物资投送

救生物资投送根据投送量、降落条件、投送条件等不同，可由直升机搜救平台实施，也可由固定翼平台实施。在投送量较大且投送地域附近有适合固定翼飞机起降的机场时，一般由固定翼飞机实施物资投送；当投送量较小且投送地域没有机场时，一般采用直升机利用机降或悬停的方式实施物资投送；当投送量较大且投送地域也没有适合固定翼飞机起降的机场时，可采用固定翼空投方式实施物资投送。

3.战场搜救

战场搜救是在作战行动中采用有效的搜索和营救手段对因作战、支援、保障或连带杀伤的人员、武器或装备实施搜索和营救的作战保障行动。航空搜救平台由于其搜索范围广、反应速度快、机动能力强和不受地形限制等因素，在战场搜救行动中逐步发挥着越来越重要的作用，尤其是在营救位于战区的特战人员、飞行人员时优势更为明显。但是由于多数情况下航空搜救都需要深入战区执行作战行动，因此必须依靠体系才能顺利完成搜救任务。

4.医疗转运

医疗转运多用于将急症病、危重患者从偏远、不具备救治能力的地域转运到具备救治能力的医学医疗中心的行动。根据路途远近和人员数量的多少，可灵活选用固定翼和直升机平台,但在民用领域多采用直升机平台,因为直升机平台对起降点要求相对较低,而且在医疗中心附近有机降点时可直接将伤病人员送入医疗中心而不需要再进行地面接力转运。当距离较远时多采用固定翼飞机转运,一般用于军事转运行动,因为在作战行动中往往会有大量危重伤病人员,且近距离转运往往无法脱离战场环境威胁,不利于伤病人员恢复。

三、适用灾害类型及特点

1. 自然灾害救援

自然灾害是由于自然性因素引发的地壳运动、天体运行、气候变化相关的灾害,主要包括水灾害、旱灾害、气象灾害、地震灾害、地质灾害、海洋灾害、生物灾害和森林草原火灾等。由于我国属于自然灾害频发的国家,此类直升机搜救比例较高,作业类型繁多,是我国直升机搜救作业的主要应用领域。

2. 事故灾难救援

事故灾难事件,主要是由于人的主观因素导致,但也不排除客观因素和主观因素相结合而导致的,是人类科学技术的副产品。事故灾难事件主要分为工矿企业安全事故、交通运输事故、公共设施和设备事故和核辐射事故等。近年来,随着我国经济、社会的快速发展,各类工业事故一直处于高发态势,直升机搜救在我国各类工业事故和重大交通事故救援中具有极大的需求空间。

3. 公共卫生事件救援

公共卫生突发事件主要包括传染病疫情、群体性不明原因疾病、食品安全和职业危害、动物疫情,以及其他严重影响公众健康和生命安全的事件。通常,公共卫生事件中所需要的直升机搜救服务是指各类专用药品、器材的高精度定点快速运输和投送,重大传染疾病的专用药剂的空中喷洒以及特定救援医护人员和伤病员的输送等。

5. 社会安全事件救援

社会安全事件是指危及社会安全、社会发展的重大事件。在深化改革、扩大开放为我国经济社会带来良好发展局面的同时,社会公共安全领域面临的情况和问题日趋复杂。公共安全事件主要包括战争、恐怖袭击事件、经济安全事件、涉外突发事件等。在和平年代,公共安全事件发生时常常离不开以直升机为主体的搜救作业。

第二节　通用航空搜救体系及运用

为帮助国际及区域间航空搜救行动快速、有效地实施,履行《国际海上人命安全公约》《国际海上搜寻救助公约》及《国际民用航空公约》所规定的义务,鼓励国际发展和改进相关搜寻救助服务,加强与邻国间的搜救合作深度,1998 年国际民航组织(Interna-

tional Civil Aviation Organization,ICAO)和国际海事组织(International Maritime Orga-
cization,IMO)在其指导性文件《国际航空和海上搜寻救助手册》中详细论述了全球搜救
的概念,介绍了国家和区域间搜救系统的建设与改进方式,为建立全球统一的航空搜救
系统提供了基本框架系统和具体实施策略。

一、搜救体系结构与功能

国际民航组织(ICAO)和国际海事组织(IMO)在 1998 年提出的这个搜救体系机构
(以下简称全球搜救体系)旨在增进两个国际组织之间、相关国家之间、航空和海事主管
当局之间的合作,打通这些合作之间的协调障碍,目标是帮助各国、各主管部门建立经济
高效的搜救服务,促进航空和海上搜救行动的协调,保证遇险人员不论位置、国籍或周围
环境,都能够获得及时的救助保障,提升各国和部门间航空和海上搜救行动的协调性和
一致性。

同其他系统一样,全球搜救体系也有自己的组成部分,这些组成部分必须有效协同
才能提供全面的搜救服务。建立一个搜救系统一般包括设立一个或多个搜寻救助区,每
个搜救区都要有接收警报、进行协调以及提供搜救服务的能力,一般情况下一个搜救区
应对应一个搜救协调中心(Rescue Co-ordination Centre,RCC)。出于航空专业的考虑,
搜寻救助区通常与飞行情报区(Flight Information Region,FIRs)一致。从操作上看,全
球的搜救体系依赖于各国政府建立的搜救系统,并在此基础上将各国所提供的搜救服务
同其他国家结合,从而形成一个统一的整体,进而实现全球的搜救服务。

一般来说,每个搜救区都有着各自独有的交通运输、气候、地形和自然条件等特征。
每个因素都会对各自搜救区域的搜救行动带来不同的问题。这些因素将会直接影响搜
救体系对服务、设施、设备和人员等方面不同的选择和构成。如图 1-1 所示,其主要包括
以下几项内容。

(1)通信,包括搜救区域内的通信和搜救平台之间的通信。

(2)搜救协调中心(Rescue Coordination Center,RCC),主要提供协调搜救服务。

(3)搜救分中心(Rescue Sub-Centre,RSC),一个或多个在本搜救区域内支持搜救协
调中心的 RSC。

(4)搜救设施,包括拥有专门设备和专业人员的搜救单元或平台,也可以包括其他可
以执行搜救行动的资源。

(5)现场协调人(On-Scene Co-Ordinator,OSC),负责协调搜救现场所有参与搜救行
动的平台和设施。

(6)支持设施,为搜救行动提供服务保障的一切设施。就航空搜救体系来讲支持设
施也称为搜救设施或搜救平台,主要包括直升机、固定翼飞行器、无人机为代表的各类航
空搜救平台。

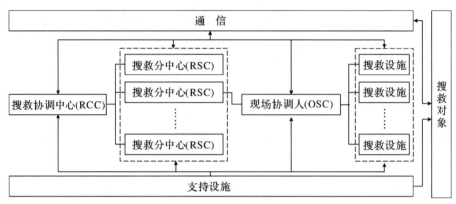

图 1-1　搜救体系的机构

二、搜救通信系统

良好的通信能力能够迅速向搜救协调中心提供报警信息,使搜救协调中心能够及时地将搜救单元及其他资源调集到搜救区域,并保持同搜救对象之间的双向联系。

1. 功能

一般来讲,搜救通信系统的主要功能包括以下几项:①接收来自搜救对象的报警信息;②与搜救对象进行必需的交流,使参加搜救任务的协调员、现场协调员和搜救设施间能够协调搜救工作;③测向和引航,使搜救单元能够迅速准确地到达搜救地域,并对搜救对象所有的设备发出的信号进行引航。

2. 报警台

报警台是所有可以接受有关遇险情况并将其转发到搜救协调中心或搜救分中心的设施的统称,它包括空中交通服务(Air Traffic-control Service,ATS)和海岸电台(Coastal Radio Station,CRS)等设施。也就是说,报警台仅仅是对具备相应功能的设备的统称,并不是指特定设施,通信功能可以是其主要功能也可以不是,只要能够将搜救对象信息传递到搜救协调中心即可。搜救组织和搜救对象之间的通信通过报警台的模式实现,搜救组织可通过报警台获得已经发生或可能发生的搜救需求,实际上报警台就是指将搜救警报转发到搜救协调中心或搜救分中心的设施。报警台在收到相关信息后应立刻将信息通过搜救协调中心或搜救分中心,由中心决定采取何种反应。而搜救协调中心或搜救分中心可依托自身的通信设施或其他机构的通信设施转发警报,并进行航空搜救行动的反应通信。当应急救援需求发生时,搜救协调中心迅速、高效的反应能力很大程度上取决于报警台转发给它的信息的准确性和全面性。报警台和搜救协调中心、搜救分中心或当地搜救单元之间的也必须建立快速、可靠的通信,通信方式可以是专线、无线电话、无线电报或其他方式的语音或数字通信等,但无论是何种方式,通信渠道应定期进行检测。其最佳的状态应该是在无人值守情况下,警报数据可以通过遇险等级的判断策略由专用的通信线路自动发送到相关的搜救协调中心或搜救分中心值班机构。

3.定位

定位能力能够减少搜救设施的搜寻时间,从而尽快到达搜救对象的准确位置为之提供救援服务,对于航空器和船舶必须配备的设备种类应满足国际通行的基本要求。

(1)大多数民用越洋飞行或远距离陆上飞行的航空器,以及许多其他航空器应配置应急示位发信机(Emergency Locator Transmitter,ELT),用于搜救的航空器必须能够跟踪应急示位发信机(ELT)的信号,以确定搜救对象的位置。

(2)要求参与搜救的船舶、航空器或潜水器装备具有信号发射能力的紧急(应急)无线电示位标(Emergency Position Indicating Radio Beacon,EPIRB),其信号的作用是用于指示存在险情并协助确定搜救对象的位置。

之所以有这样的要求是因为精确获悉遇险对象的位置是非常有用的,虽然航空搜救侦查范围广、到达迅速、救援效率高,但在夜间或者能见度不良的情况下,由于飞行高度高,通过肉眼很难搜索到没有地空联络装备的地面人员,由于滞空时间和人员生存能力的限制,如果不能在短时间内发现遇险对象则很容易造成搜救行动失败。正是由于位置信息的重要性,应在搜救责任区(Search and Rescue Region,SRR)内提供测向站、航空器监视系统、和船舶交管系统等多种适当的定位方法,尤其要重视全球卫星搜救系统、应急无线电示位标和应急示位发信机最初提供的报警信息,这些信息既可以提供真实位置信息也可以提供图像位置信息。

4.搜救协调

搜救设施之间的通信取决于本地协议和搜救责任区内搜救服务的组织,同时也取决于设备状况。搜救协调中心(RCC)和搜救分中心(RSC)可以直接处理与移动设施之间的通信,或者通过相关的报警台处理。在理想情况下,与报警台或搜救系统中其他部分的通信,包括搜救协调中心成员之间的国际通信应该是可靠的,要么是专线,要么赢保留信息的优先级或有限处理。搜救协调中心一般指定搜救任务协调员(SAR Mission Co-ordinator,SMC),来处理搜救任务,搜救任务协调员(SMC)可以特定专用线路与现场协调人(OSC)进行协调,并于各种现场设施间保持通信联系。

搜救协调中心和搜救分中心之间的通信应尽可能及时可靠,并足以满足最坏情况下的通信需求。搜救人员在任务实施过程中应获得国家的授权,使其能够对来自搜救协调中心和搜救分中心的搜救需求做出直接反应,而不需要外交途径反馈。

5.现场协同

搜救单元(Search and Rescue Unit,SRU)和现场协调人(OSC)之间使用现场频道进行协同。搜救任务协调员应根据各搜救单元(SRU)所携带的设备指定一个可以供所有搜救单元(SRU)使用的现场通信频道。当参与搜救行动的航空、水面、地面设施之间需要一个现场无线电频率进行通信时,可以使用遇险和现场频率。被指定在海区进行搜救的航空器必须配备能在搜救行动中同船舶进行通信的频率。

三、搜救协调中心

(一)功能及要求

搜救协调中心是一种运行机构,是提高搜寻救助服务质量的组织者并对搜寻救助责任区内搜寻救助行动的实施进行协调。搜救协调中心主要是负责国际民用航空组织(International Civil Aviation Organization,ICAO)的地区空中导航计划(Regional Air Navigation Plan,RANP)或国际海事组织(International Maritime Organization,IMO)的全球搜寻救助计划中所述的国际公认的搜寻救助区内的救助设施协调工作,而提供搜寻救助设施的义务。航空搜救责任可以由航空搜救协调中心(Aeronautical Rescue Co-ordination Centre,ARCC)承担。负有海洋搜救义务的国家可由其海上搜救协调中心(Maritime Rescue Co-ordination Centre,MRCC)承担搜救责任。

如果可行,各国也可以将他们的搜救资源整合成一个联合搜救协调中心(Joint Rescue Co-ordination Centre,JRCC),负责航空和海上搜救,或者将海上搜救协调中心和航空搜救协调中心合并为单一机构。这种海空联合搜救协调中心(JRCC)的模式可以显著降低组织运行的开销:①建设和维护适量的设施,提高设施利用率;②可以减少报警信息的交叉传递,降低警报响应判断复杂性;③还能够更好地利用海空救援设备、装备和人员,发挥其最佳救援效益。同时,如果相关各国间能够达成协议,不一定要建立单属于自己国家搜救协调中心,可以由主要国家或多个国家建立一个共同运作的搜救协调中心,其他国家或参与国家可以根据实际情况以一个或多个搜救分中心(RSC)的模式参与。搜救协调中心的人员配备可以由中心各主管机关或多个机构联合确定,管理人员应熟练掌握所负责搜救区域内现有的所有救助设施的性能。

搜救协调中心(RCC)必须具有一定的基本能力才能列入国际民用航空组织(ICAO)地区空中导航计划(RANP)或国际海事组织全球搜救计划(IMO GLOBAL SAR PLAN)中从而确定其对某个搜救责任区所担负的基本责任。当能力和资源允许时,可以增加一些额外的或更加完善的职能,即"必须职能"和"期望职能":

(1)必须职能:24 h值班;训练有素的人员;具有英语工作能力的人员;适用于该搜救责任区的(航空、航海、地形和水道)图表;标绘手段;接收遇险报警的能力;能与相关单元进行即时通信的能力。

(2)期望职能:标明搜救责任区、搜救分区和相邻搜救区、搜救资源的挂图;计算机资源;数据库。

(二)设施和设备

在搜救区域内搜救协调中心应设置在能够有效执行其职能的地方。搜救协调中心可以利用现有设施中合适的场所设置。通常,负责通信、国防、执法、空中和海上服务或者其他任务的机构都拥有一个业务中心,这个中心也可以随时被改造兼做搜救协调中心使用。这些中心即使不是专用于搜救工作的,只要中心及其工作人员符合搜救的要求,也可以在执行其他职能的同时,用作搜救协调中心用于开展组织协调与管理搜救任务。

这种中心可以安排现有的设备和训练有相关经验的人员组建,当然也有可能需要额外的人员和空间,这主要取决于可能面对的搜救次数和任务的复杂性。为了最大限度地降低对额外通信设备的需求,搜救协调中心也可以设置在设备良好的其他中心附近,例如飞行情报中心(FIC)或区域控制中心(Area Control Center,ACC)。除了通信设施和一般的办公设备外,还需要配备绘图室、标绘有搜救协调中心责任区域及其邻近区域的图表和档案室。除此之外,各种技术的运用可以改善搜救协调中心的能力并影响对人员配置和培训的需求。如不能成立海空联合搜救协调中心(JRCC)时,航空搜救中心(ARCC)和海上搜救中心(MRCC)仍然能够进行相互间的信息交流和人员上的支持。他们之间直接的、密切的合作也可降低费用,加强协调并确保资源的有效使用。

(三)人员配备

搜救协调中心承担管理和运行双重职能。管理职能负责维护搜救中心处于连续的待命状态。对于搜救行动较少的区域,这些职责可由搜救协调中心负责人或者兼职的搜救值班员履行。运行职责则是有效地实施搜救行动或开展搜救演习,因此具有一定的临时性。运行职责由搜救任务协调员负责,也可由搜救协调中心负责人或者其他训练有素的搜救协调中心职员担负。如果搜救行动使用来自军队、警察或者消防等单位的设施,可能需要这些单位的人员参与协调,以方便这些单位设备的使用。

1. RCC 负责人

RCC 负责人可能也负责其他工作,在搜救协调中心、空中交通服务(ATS)或者其他类似的运行中心联合设立时,通常都是这些设施的负责人来承担 RCC 的责任。在这种情况下,应任命另外一个人负责 RCC 的日常管理。RCC 负责人必须制定适合的预案、计划和安排,同时监督 RCC 的日常运转,保证当事件发生时,能够迅速的按照预案采取相应的搜救行动。

2. RCC 职员

RCC 职员主要由能够制定计划和搜救行动的人员构成。如果 RCC 职员还能承担搜救之外的工作,在确定人员配备需求时,应考虑附加的职能。需要的人员数量应根据当地的需要、交通密度、季节条件、气象条件和搜救责任区(SRR)的其他条件而有所不同。RCC 必须处于连续的待命状态,如果 RCC 不能保证连续值班,就必须采取一定的预防措施,以便可以迅速调动备份的 RCC 职员。

3. 搜救任务协调员

每一次具体的搜救行动都应指定一个搜救任务协调员。这是一项临时性职能,可由RCC 负责人或者其他指定的搜救值班员承担,并由足够的人员辅助完成。一次搜救行动可能持续很长时间,在此期间该搜救任务协调员将一直负责该搜救行动的实施,直至完成搜救任务或者确认任何努力都不会再有结果为止。RCC 的实施计划应给予搜救任务协调员增加任何可用装备、人员、以及接受或反对相关建议的权利。搜救任务协调员负责制定搜寻计划,并负责各搜救单元的行动协调。搜救任务协调员通常不参加搜救行动的现场执行工作,其数量取决于以下几个方面:RCC以外可能需要协调的行动;搜救事件的预期发生频率;区域大小和当时的环境;休假、培训、疾病等可能的人员轮换。

(四)培训及资格认定

培训及经验对人员做出正确的搜救决策和反应至关重要。RCC负责人、搜救任务协调员(SMCs)和RCC职员在值守、协调不同的搜救设施,制定搜救计划方面需要进行特殊的培训。搜救管理人员需要对上述培训进行精心设计,从而确保培训针对性强,人员在经过培训后能够具备履行职责的基本能力。通常RCC负责人是所有搜救人员达到和保持基本能力的第一责任人。

培训本身只能提供基本的知识和技能,资格认证和考试发证过程用于确保获得足够的经验、成熟程度和判断力。资格认证过程中,个人必须能够表现出能够承担自己岗位工作的心理上和生理上的能力。认证机构通过一定的过程和考核对参与认证的个人能力进行认可后,才能进行相应的资格认定。

(五)行动计划

各RCC负责制定其SRR内的综合搜救实施计划,以及相邻SRR的协作搜救计划。这些计划应覆盖整个SRR,并建立在搜救服务机构和设施的提供者或其他搜救行动支持者达成协议的基础上,对时间紧迫的搜寻计划编制和搜救协调过程可以起到很有价值的辅助作用。这些计划都应满足以下需求:达到有关国际搜救手册要求;覆盖所有SRR内可能发生的紧急情况;定期的评估和更新;具有简便易用的形式。

(六)搜救责任区

搜救责任区(SRR)是对应于某一RCC划定范围的区域,RCC在该区域内提供搜救服务。国际民用航空组织的地区空中导航计划规定了世界上大多数地区的SRR,海上SRR公布在还是组织搜救计划中,可能与航空搜救责任区相同,也可能不同。设立SRR的目的是对于世界上每一个区域的遇险情况明确主要责任机构,并且能够及时地将遇险警报发送到匹配的RCC。一个国家可能拥有分开的航空和海上SRR,或者分开的位于不同大洋/海区的SRR。

1. 影响搜救责任区(SRR)范围的因素

当建立或变更一个SRR时,各国应充分考虑每个SRR是全球的一部分,尽可能地建立一个最有效地系统。主要的考虑因素应有以下几种:①责任区的大小和形状;②空中和水上交通的密度和模式;③搜救资源的可用性、机动性、可用性和分布情况;④通信网络的可靠性;⑤国家的能力、资格、承担义务的责任感等(涉及多国的SRR)。

2. 航空搜救区域的划分

航空SSR通常与飞行情报区(FIR)是一致的,这是因为:①为FIR提供飞行信息服务的空中交通服务(ATS)是收集和传送有关航空器遇险信息的中心点,并协调搜救航空器和其他空中交通业务;②RCC和空中交通服务单位之间的通告、协调和联络相对简明;③共享RCC和ATS的职员、设备和通信网络是节省开销的有效途径。需要注意的是,高空飞行情报区(Upper-flight Information Region,UIR)一般不用于航空搜救区域的划定,主要原因是:①搜救一般低空进行,必须与飞行情报区内的其他交通设施进行协调;②用于搜救的ATS通信设施,特别是空地设施,更适合于FIR而不是UIR。

3.搜救责任区划定的参考原则

经验表明,在大多数区域,统一的航空和海上SRR在搜救操作上有着一定的优势,这样某一地理位置的遇险警报不需要进行海空区分,警报传递效率更高。同时,为了提高搜救效率,相邻国家间应该在SRR划分时寻求一致,以加强协调和避免重复。而且为便于操作,如果可能,SRR的界限最好是直线,并按照确定好的地理位置从南到北或从东到西划定,这样SRR的界限清晰、连续且不易重叠。需要注意的是,SRR的划定与任何国家的边界无关,同时也不应损害边界的划定。SRR的设立仅仅是为了保证在该区域内的搜救协调工作由指定的国家承担。SRR的界限也不应成为对遇险人员实施搜救的障碍,无论险情发生在何时何地,搜救机构内的任何设施都应对所有的险情做出力所能及的反应。

4.搜救责任区设立与公布程序

SRR根据国家之间的协议设立,当相关国家在设立或更改SRR边界能够提供更有效的搜救服务时,各国应该提出设立或更改的建议。相关国家根据他们之间正式或非正式的协议划分他们的SRR边界,然后根据这些SRR是航空方面的还是海事方面的,分别通知国际海事组织(IMO)和相应的国际民航组织(ICAO)。在履行了必要的程序后,这些信息就会在《国际海事组织搜寻救助计划》或相应的国际民用航空组织地区空中导航计划中公布。优势SRR界限会在国际海事组织搜寻救助工作组会议或国际民用航空组织的地区空中导航会议上临时决定,待日后再正式批准。

四、搜救分中心

当一个搜救协调中心不能对其SRR内某一地区的搜救设施进行直接有效的控制时,可以建立带有搜救分区(Search and Rescue Sub-region,SRS)的搜救分中心(RSC)。造成这种情况的因素主要有以下几方面:①在SRR内的某一区域,通信设施不足以支撑RCC和搜救设施之间的协调;②SRR包括几个国家或一个国家几个陆上的部门,由于政治或行管原因,不同设施只能由指定机构控制;③搜救行动由地区性的部门控制,效率更高。在以上几种情况下,RCC可以把部分或全部责任授权给一个RSC,包括通信、指定搜寻计划和安排搜救设施等。RSC可以具有和RCC同样的能力,行政管理越复杂,或者通信条件越差,就应该委派给RSC越大的职权。这样,RSC对人员、装备和场所的需求将与RCC一样。在一般情况下,RSC的责任和能力应该比相应的RCC少,并且在人员、装备和场所方面的需求也较小。同样航空搜救分中心为搜救航空事故设立,海上搜救分中心为搜救海上事故设立。

五、搜救设施

(一)含义及基本配置

搜救设施包括用于搜救的平台单元和用于实施或支持搜救行动的其他资源。搜救单元是一个拥有训练有素的救生人员和能够快速有效实施搜救行动的装备平台的统称。搜救单元可以是路基、海基或者空基的设施。确定参与搜救的搜救单元应该能够快速到达事故现场,而且特别要具备以下一项或多项职能:提供救援,防止事故进一步恶化或减少幸存者的痛苦;对事故平台或人员进行搜寻;向事故现场运送必须的补给品和救生装备;为幸存者实施救助;提供食品、药品或其他必需品;转运人员、装备和器材等。

(二)基本分类

1.指定搜救单元

对于一个稳定的搜救组织而言,可能都希望能够指定特定的设施作为其固定的搜救单元,以便于协调,且更利于向专业化方向发展。这些指定的搜救单元可直接隶属于搜救服务机构、国家机关或下属组织机构、非政府组织或志愿者组织。对于后者,应促成搜救服务机构和这些组织之间达成有关协议。搜救单元不必只为搜救需求服务,但是为了熟悉搜救作业任务、保障搜救人员安全、提高搜救效率,应该进行专门的培训、配备专业的设施设备。

2.专业搜救单元

专业搜救单元的人员经过特殊的训练、平台配备专用的搜救设备,用于应对特定搜救任务的专业队伍,例如,山地、沙漠、丛林、水上和海上救助等。搜救服务机构和这些组织应建立相关协议,以便于及时提供服务,提高搜救效率。

3.其他搜救设施

在建立搜救服务时,各国可以尽可能利用一切现有的设施为搜救服务提供各类服务保障。许多并不是为搜救目的而建设的设施和配备的人员往往在略加改造、添加装备或简单培训后,便可用于搜救任务:①向志愿者和辅助组织传授瞭望搜索技术;②在渔船、游艇和其他舰艇上安装无线通信设备;③利用偏远的台站作为报警台。通过培训、加装一定必须的设备,并将其连入搜救系统中,就可以使其为搜救机构服务,这样不仅减少了对专业搜救单元的需求、节约了开销,也提高了搜救效率。

六、现场协调人和航空器协调人

当两个或者更多的搜救设施执行同一搜救任务时,指派专人协调所有参与设施往往更有利于搜救行动的实施和确保搜救设施之间不会产生安全隐患。现场协调人(OSC)一般由搜救任务协调员指定,他是现场参与搜寻的搜救单元、船舶或航空器的总负责人,或者附近设施中能够执行现场协调员职责的人员。在搜救任务协调员指派专人承担现场协调人职责之前,由第一批到达现场的搜救资源的负责人自动担负此职责。当现场协调人直接掌握险情和搜救需求,且无法和RCC建立通信联系时,现场协调人可以行使搜救任务协调员的职责,并实际筹划现场的搜救行动。考虑到搜救培训、通信能力和现场协调人所在设施可以在搜救区域停留的时间,现场协调人应该是现场最优的指挥人员,应尽量避免频繁更换协调人。鉴于航空器平台的视野优势,也可在航空搜救单元到达现场后,将现场协调人的职责交付航空器协调人,以便于有效协调陆、海、空搜救单元的搜救行动。

七、支持设施

支持设施是搜救系统能够有效运行,并提供高效可靠搜救服务的基础。没有支持资源,搜救体系就无法维持其基本功能,缺乏进一步完善和发展的潜力。一般认为服务和支持设施主要包括培训设施、通信设施、导航系统、搜救数据库、医疗援助、航空器起降场和志愿者服务机构等硬件设施,还包括设施维护、管理、研究和发展策略、预案计划、演习演练和硬件维护等软件设施。

除此之外,计算机资源作为支持设施提供的保障是最全面有效的。首先,可以较低成本获得大量的推断和数据存储能力。现代软件技术能够提供实用、价格低廉的计算、分析、数据存储、通信软件。普通的个人电脑就可以进行RCC的日常管理和搜救计划制定工作,甚至可以进行快速分析、搜救效果预测、环境数据收集研判等更复杂的工作。大多数数据库拥有快速访问、使用及数据汇总的能力,管理人员可以将其用于支持搜救系统的管理。RCC则可用其来制订搜救计划。而由学术团体、海洋组织、军事机构、气象部门维护的环境数据库则可以为风险预判、搜救力量预置、搜救计划制订提供基础信息。全球卫星搜救系统也拥有包含基本搜救信息的登记数据库,这些数据库依赖于各国及时提供的数据和更正信息。其他数据库还包括国际移动卫星组织号码、船舶呼号、海上移动业务识别号码及船舶登记。这些数据库在工作时,应24 h随时为任何收到报警的RCC提供数据。

第三节 我国航空搜救体系

一、航空搜救力量的基本构成

1. 专业航空搜救力量

前期由于我国应急救援工作分散于多个部门,航空应急救援缺乏统一的机构引领,这导致了我国的专业航空应急救援的任务长期以来是由警用航空、军用航空、医疗航空或消防航空等航空应急救援力量担负的,其建设、使用、发展也没有合理的规划,始终没有形成合力,而且航空搜救力量建设投入巨大,各地方政府和相关部局也没有大规模的建设需求,因此,长期以来我国的专业航空应急救援力量发展相对缓慢。但是这种情况在我国2018年组建了应急管理部后,逐渐有所改观,应急管理部和各省市的应急救援厅

（局）在航空搜救体系建设方面进行了很多有益的探索，并已经开始有步骤地开展了全国性、区域性、专业性的航空搜救体系覆盖建设试点工作。应急管理部下属森林消防局直升机支队作为国家综合性消防救援队伍中唯一一支航空救援力量，装备国产大型直升机18架，下辖大庆、昆明两个基地，已具备以直升机为平台的侦查巡护、图像传输、搜索营救、兵力（物资）投送、吊桶（水箱）灭火、伤员转移、医疗救护等能力，目前已初步形成立足南北、辐射全国、空地协同、立体作战的航空应急救援新格局，遂行森林灭火、地震、山岳、水域等航空应急救援任务。除此之外，重庆等地也正在开展航空搜救力量和体系建设的相关工作，见表1-1，为下一步向全国范围推广提供了较好的经验。

表1-1 地方航空应急救援力量建设重要事件汇总表

序 号	所属省（市）	航空应急救援力量建设重要事件	年份
1	重庆市	《重庆市应急管理"十四五"规划》：1个市级航空应急中心，万州、黔江、永川、潼南4个区域应急航空中心，重点区县新建35个森林航空消防救援站，布局约100个临时起降点	2021
2	山东省	《山东省应急救援航空体系建设规划（2020－2030）》：权责清晰的组织领导体系；集约统筹的基础设施网络体系（形成"莱芜基地＋区域基地＋应急起降点"的"1＋8＋N"三级航空应急救援结构）；先进适用的技术装备体系；高效健全的救援管理体系；专业复合的人才队伍体系；协同有力的社会动员体系	2020
3	湖南省（长沙市）	长沙市应急管理局联合湖南湘江新区发展集团有限公司共同打造的全省首个市级航空应急救援基地成立	2020
4	安徽省（芜湖市）	芜湖市积极打航空应急救援基地，已初步建成以直升机、固定翼飞机和无人机为支撑的航空应急救援体系。可完成空中侦察勘测、空中指挥调度、空中消防灭火、空中紧急输送、空中搜寻救助和空中应急通信等任务	2020
5	江西省	应急管理部明确江西省为应急救援航空体系建设试点省	2019
		1.建立了空管协调和航空应急救援联动机制； 2.靖安应急救援专用机场一期工程竣工，赣州、宜春、上饶3个航空应急救援驻防站全面启动，全省建成大型直升机临时起降点107处，"1＋3＋100"的航空应急救援基础网络初步形成； 3.建成南昌和景德镇2个通航飞行服务站，南昌、景德镇、鄱阳、抚州和鹰潭5个地面基站已联网运行； 4.组建航空应急救援特勤分队、机动队和医疗队共35支370人； 5.应急管理部与江西省政府签署协议，坐落于航空工业昌河飞机工业有限责任公司的航空应急救援重点实验室全面启动； 6.在景德镇建立了省级航空应急救援技术服务保障基地和装备成果展示交易中心； 7.应急管理部在江西景德镇召开航空应急救援力量座谈会	2020

续 表

序 号	所属省(市)	航空应急救援力量建设重要事件	事件年份/年
6	浙江省	1.应急管理部明确浙江省为应急救援航空体系建设试点省; 2.东阳市"航空应急救援基地"授牌仪式在横店机场举行,东阳市空中应急救援通道正式开通	2019
		1.浙江省直升机常态化备勤项目签约暨运行启动仪式在杭州举行,自7月起启动直升机常态化备勤工作。 2.公布《浙江省应急救援航空体系建设方案》:提出重点做好"指挥平台、航空网络、救援力量、保障条件"的建设与完善工作。指挥平台方面,建设应急救援航空指挥平台和航空调度信息系统;航空网络方面近期布局5架直升机常年备勤,中期远期布局12架、15架直升机备勤;救援力量方面,整合各类力量资源建立核心力量,依托军队、民航、海事公安等专业队伍加强专业队伍建设,建立由应急、交通、航空等方面专家组成航空技术支撑队伍;保障能力方面,建立部门联动、区域协同、机制,完善标准政策制度、开展专项课题研究、强化财政资金保障	2020
7	湖北	1.经应急管理部同意,湖北省纳入应急救援航空体系建设试点,并确定围绕荆门漳河通航机场、武汉汉南机场、鄂州顺丰物流运输机场等航空应急资源,抓好应急救援航空网络、应急救援关键力量等重点建设任务; 2.湖北省航空应急救援工作座谈会在武当山航空护林站召开; 3.湖北省应急管理厅与民航湖北监管局签署航空应急救援联动工作机制合作协议	2020
8	陕西省	西北空中应急救援中心成立大会在陕西西安成功举办	2020
		陕西省红十字西北空中应急救援中心航空救援队在西安航空基地正式揭牌成立	2021

2.海上航空搜救力量

1973年,为使在我国沿海遇险的人员、船舶得到及时救助,国务院、中央军委成立全国海上安全指挥部,其办事机构设在交通部,海上安全指挥部主要负责统一部署和指挥海上船舶防台风、防止船舶污染海域,以及海难救助工作。1989年,为与国际海上搜救工作接轨,根据《1979年国际海上搜寻救助公约》要求,国务院、中央军委联合发文,在交通部建立中国海上搜救中心,负责全国海上搜救工作的统一组织和协调,日常工作由部海事局承担,并要求国务院有关部门和军队要配合中国海上搜救中心做好海上搜救工作。2005年,为加强我国应对海上突发事件应急工作的能力,增进国务院各相关部委和军队在海上搜救工作上的协调配合,国务院批准建立了由原交通部牵头的国家海上搜救部际联席会议制度,指导全国海上搜救和船舶污染应急反应工作。明确中国海上搜救中心作为国家海上搜救部际联席会议制度的办事机构,负责组织、协调、指挥重大海上搜救和船舶污染事故应急处置行动,指导地方搜救工作,一直延续至今,其海上专业救助工作主要由其下属的救助打捞局完成,其组织机构如图1-2所示。其中,4个救助飞行队是交通运输部各救助局下属的专业航空搜救力量,也是我国海上、水上搜救专业性最强的航空搜救队伍,主要任务包括:①担负海上遇险人员、船舶的搜救;②配合救助、打捞船舶,实施海上救助、打捞以及清除污染等工作;③配合海事部门进行海上执法及海洋环境巡查;④日常飞行训练以及搜救演习等任务飞行;⑤交通运输部救助打捞局下达的运送应急救灾物资、器材和人员等其他特殊飞行任务。

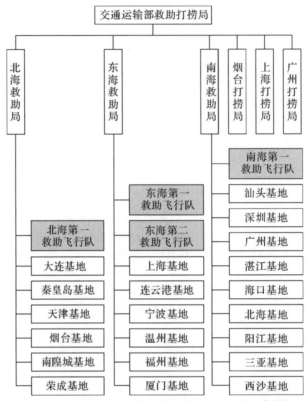

图 1-2　交通运输部海上专业救助队伍组织机构图

3. 警用航空搜救力量

警用航空器由于覆盖范围广、响应速度快和机动能力强等优势,在西方工业发达国家应用于警务执法,截至目前,世界警用航空已形成相当规模,据统计,世界警用直升机有 5 000 多架,仅美国就有 2 000 余架,每个警署都配有直升机。欧洲现有 400 余架警用直升机,用于警务、紧急医疗救助、搜索和救援等。在日本,直升机也得到了广泛应用,47个地方警察本部各有一支警务航空队。

我国的警用航空力量主要是由公安部下属的各级公安机关建设和使用。该力量始建于 20 世纪 90 年代初期,我国的改革开放促进了经济社会的快速发展和综合国力迅速提高,为警用航空的发展奠定了物质基础。武汉市公安局在此背景下,于 1993 年购置了我国第一架警用直升机,标志着我国警用航空力量建设的开端。此后,广东、浙江、河南等地的公安机关也根据需要相继组建了自己的警用航空队,为我国警用航空力量的建设、使用和发展提供了早期经验。但直到 2003 年之前,我国的警用航空力量建设一直处于自筹自建的无序发展阶段,这个阶段警用航空还缺乏有效的引导:①没有明确其属性;②缺乏明确的管理和保障体系,在隶属关系、运行模式、飞行报批和机型选择等方面都还缺乏有效的领导和顺畅的渠道,需要各地方公安机关自行协调沟通。因此,这个阶段的警用航空无论在建设质量还是使用效益方面都很难达到建设预期,没有发挥其应有的作用。这种情况直到 2003 年才迎来了彻底改观,这一年国务院办公厅、中央军委办公厅正式批准在我国发展警用航空,并明确:警用直升机为国家航空器,警务飞行纳入军航保障体系,公安部作为一级管理部门,具体负责并统一领导全国警用直升机的安全、运行和管理工作。2004 年 1 月,公安部成立警用航空管理办公室,履行对全国警用航空的管理职能。这也标志着公安机关一个新警种的诞生,警用航空器作为公安机关遂行各项任务的重要手段,列入中国警察装备序列,也标志着警务活动范围已由地面向空中发展,形成空地立体化的格局。在各级党委、政府的领导、支持下,在社会各界的关心、帮助下,中国警用航空持续壮大。截至到 2019 年底,全国已有 24 个省、自治区、直辖市的公安机关建立了 40 支航空警务队,配备警用直升机约 67 架,警航飞行员 100 多名。

另外,近年来,无人机作为一种新型警用航空装备,也呈现出良好的发展势头,规模数量快速增长,目前全国有 30 个省份配备了警用无人机,数量从 2014 年不到 100 架发展到目前近 1 万余架,操作员近 8 000 人,目前公安系统已经成为无人机保有量最大的行业之一,并在各项任务中发挥了其他警种不可替代的作用。

4.军用航空搜救力量

由于我国的专业航空应急救援力量建设的相对滞后,军事航空力量在以前、现在和今后相当长的一段时间内都会是我国航空应急救援最主要的构成力量。2008 年 5 月 12 日,四川汶川发生了 8.0 级大地震,给灾区人民生命财产造成了巨大损失。在道路被毁、救灾物资和运输车辆无法进入的情况下,救援直升机成了灾区最快捷有效的工具。中大型直升机在运输救援物资与设备、运送伤员等方面具有明显优势,因此在应急救援过程中占主导地位。在汶川地震救援中,米-171、"黑鹰"等直升机发挥了重要作用,但无论是技术状态还是规模数量都不理想,在恶劣气象条件中、在复杂的山地地形条件下都不具备飞行能力。

汶川地震后十多年来,中国军队救援飞机的谱系更加完备,航空救援能力有了明显提升,新装备的搜救直升机运载能力和在复杂气象条件下飞行的能力都有了较大进步,同时也进一步丰富了我国救援直升机的型谱。而且近年来,我国固定翼运输机的进展也非常迅速,尤其是最新型国产大型运输机运-20 的装备使用,填补了我国国产大型军用运输机领域的空白,在航空救援时,无论是侦察还是输送人员装备的能力都有了较大进步。另外,我国航空指挥能力也进步较快,一改过去民航、军用两张皮的现象,实现军民合一、统一指挥,使军民两种航空能力在救援中可更好地发挥作用。总体来说,汶川地震以来,我军航空救援能力总体上有了明显的进步,无论是技术能力、同时出动的能力,还是投送人员和装备物资的能力都有明显提升,如今我们已经具备了在复杂气象和复杂地形条件下连续飞行和起降的能力,可在同一时间内向救援地区大批投送人员、物资或撤出伤员。

5.通用航空搜救力量

一个国家的航空搜救能力发展需要各方面的配套产业发展,尤其是通用航空产业的发展。从历次救灾的实践中可以发现,通用航空在空中应急救援中发挥着越来越重要的作用。可以说通用航空产业的发展从某种程度上决定了一国的航空应急救援综合能力。然而,从另一个角度上来说,航空应急救援产业的发展也推动了通用航空产业的发展。通用航空产业涉及航空制造业、航空运营业和航空服务业,其发展离不开市场需求的增长,而空中应急救援恰恰为通用航空产业的发展带来了巨大的市场需求。

总体上看,我国通用航空产业发展比较落后,不仅与发达国家差距巨大,与巴西、墨西哥等发展中国家相比,差距也十分明显。据国际调查公司调研,通用航空产业是我国自改革开放以来唯一发展倒退的行业。虽然说这一说法不能得到有关方面证实,但是我国通用航空飞机保有量、飞行量、从业人数、运营机场数量等核心数据较 20 世纪 60 年代有不同程度的下降却是残酷的现实,这也是我国通用航空无法承担重大自然灾害抢险救援的内在原因之一。在经历了 2008 年的汶川地震后,我国的通用航空迎来了一个较快的发展,但就 2019 年 2 月初统计,在民航局备案的医疗直升机仅有 102 架,具体情况见表 1-2。

2017 年,国务院办公厅印发《国家突发事件应急体系建设“十三五”规划》,提出到 2020 年要建成与有效应对公共安全风险挑战相匹配、与全面建成小康社会要求相适应、覆盖应急管理全过程、全社会共同参与的突发事件应急体系,并提出通过委托代建、能力共建、购买服务、保险覆盖等方式,支持鼓励通用航空企业增加具有应急救援能力的直升机、固定翼飞机、无人机及相关专业设备,发挥其在抢险救灾、医疗救护等领域的作用。

在相关政策的引领下,近年来,通航企业积极参与各地发生的森林草原火灾、洪涝灾害、地震滑坡、安全生产事故的抢险救灾与灾后重建工作,通用航空在航空应急救援中发挥了重要作用。特别是面对 2020 年突如其来的新冠肺炎疫情,全国 141 家通航企业共使用 1 002 架航空器执行了 378 次疫情防控任务,累计飞行 2 362.41 h,7 189 架次,运送各类药品和物资 90.96 t,充分显现了通用航空快速、高效、灵活的优势。无人机参与疫情防控的作用也得到广泛应用,疫情防控的无人机数量占到全部通用航空器的约 85%,主要用于监控喊话、喷洒消毒、物资转运等方面。但由于资金来源渠道单一、人才外流、机制不顺、空域管制、法律法规和标准体系缺乏等原因,目前通用航空的航空搜救力量发展还相对缓慢,还有很大潜力有待挖掘。根据统计情况分析,我国目前可用于应急救援的通用航空力量距离实际需求还相去甚远,不但和欧美国家差距巨大,甚至和一些发展中国家也有较大的差距,因此,要在短时间内完成追赶和超越并不现实。但需要关注的是在我国其他技术产业发展迅速的今天,通用航空的空中救援力量却发展缓慢,其主要原因在于缺乏促进通用航空快速发展的政策环境、运行环境和保障环境,具体表现在:通用航空没有形成良好的发展产业链,制造业技术落后,经营水平不高,定价机制不合理,相关服务业尚未发展,保障设施和服务不配套,低空空域资源不能充分利用等。此外,我国通用航空的整体实力太薄弱,拥有的航空器数量少、质量差,与运输航空相差较远,严重违背民用航空发展规律。

表 1-2 2019 年我国直升机医疗救援备案情况

管理局	公司名称	架数/架
华北局	北京五环通用航空有限公司	2
	北京华彬天星通用航空有限公司	17
	内蒙古庆华通用航空有限公司	1
东北局	无	0
华东局	上海金汇通用航空股份有限公司	58
	九九九空中救护有限公司	4
	上海中瑞通用航空有限公司	1
	江苏圣豪通用航空有限公司	3
	江苏宏源通用航空有限公司	1
中南局	无	0
西南局	无	0
西北局	格尔木京城通用航空有限公司	2
	陕西直升机股份有限公司	2
	敦煌飞天通用航空有限责任公司	4
	西安惠翔通用航空有限公司	2
新疆局	西亚直升机航空有限公司	3
	新疆通用航空有限责任公司	2
合 计		102

因此要全面推进我国航空搜救事业发展,重点是要对制约通用航空发展的问题,推出强有力的政策支持,包括迅速明确低空开放政策、减免通用航空器材的税负、对公益和应急救援飞行提供财政补贴、整体规划通用航空机场的总体建设和布局等。

6.中国民用航空局

中国民用航空局(Civil Aviation Administration of China,CAAC)简称民航局,是中华人民共和国国务院主管民用航空事业的部委管理的国家局,归交通运输部管理。其前身为中国民用航空总局,于 2008 年 3 月改为中国民用航空局,对于航空搜救活动,其主要职能包括以下几种。

(1)对民用航空器运营人实施运行合格审定和持续监督检查,负责民用航空飞行人员、飞行签派人员的资格管理,审批机场飞行程序和运行最低标准,管理民用航空卫生工作。

(2)负责民用航空器型号合格审定、生产许可审定、适航审查、国籍登记、维修许可审定和维修人员资格管理并持续监督检查。

(3)编制民用航空空域规划,负责民航航路的建设和管理,对民用航空器实施空中交通管理,负责空中交通管制人员的资格管理。

(4)管理民航导航通信、航行情报和航空气象工作。

（5）监督管理机场建设和安全运行，审批机场总体规划，对民用机场实行使用许可管理，管理和指导机场安检、治安及消防救援工作。

（6）对民航企业实行经营许可管理，组织协调重要运输任务。

虽然中国民用航空局并不直接配属专业航空搜救力量，但所有航空搜救活动的实施都必须通过其具体实现，航空搜救行动组织、人员装备管理、维护保障、场地建设等都和其密切相关。

二、航空搜救体系的总体框架

到目前为止，我国航空搜救体系发展还处于起步阶段，近年来虽然发展有所加速，各相关部门都加快了航空搜救体系建设的探索，但无论从组织指挥、搜救资源、人才素质和保障能力方面距离我国的航空应急救援的需求还有较大差距，还需要在统筹现有航空应急救援力量的基础上进行深入的论证，研究建立适合我国国情的航空搜救体系。在这方面很多学者和相关机构都提出了不同的体系框架模型，有的已经进入到了实际应用检验层面，但很少有框架能够综合考虑我国现有的应急救援机制、航空搜救实践、相关机构任务职能和发展建设的现实情况，而航空搜救体系的建设不但要考虑和国际接轨，还要和各自国家的具体情况相结合。因此，笔者认为我国的航空搜救体系建设应首先在国际民航组织（ICAO）和国际海事组织（IMO）提出的全球搜救体系架构的基础上，结合我国航空搜救相关部门的职责分工、力量构成、任务需求，从指挥链条构建、搜救力量建设、响应机制设计等方面出发，建设既符合航空搜救客观实践又符合我国具体国情的高效的航空搜救体系。

就目前我国各相关部门机构的具体分工而言，我国航空搜救体系建设应该以各级应急管理机构为核心，按照响应、协调和处置3个环节构建整个指挥行动体系框架，并依托医疗卫生机构、公安机构、应急救援机构、军事机构、交通运输机构和通航公司（个人）等机构，按照不同的任务分工和需求，在应急管理部门的协调下，共同构建"指挥统一、综合协调、全面保障、高效利用和素质全面"的航空搜救体系，如图1-3所示。

航空搜救是由于灾害、医疗、事故、案件等特殊情况产生的特殊应急救援需求，一般情况下由于地面行动组织相对简单，在以上特殊情况产生时，应该首先考虑采用基于地面的应急行动实施救援，在需要采用航空搜救力量实施救援任务时，应该由应急响应部门根据实际情况进行搜救风险评估、搜救需求分析、搜救力量预估，并向对应的搜救协调中心上报搜救需求的警报。这个响应工作，应由市以下地方的应急管理机构和公安、消防、医疗、旅游、交通运输等相关部门的警报渠道对接，在其需要航空力量搜救时对警报信息进行预处理，并按照事故等级和事故地域上报相应的搜救协调中心。

笔者认为，现阶段我国航空搜救协调中心应该划分为国家和地区两个等级，国家级搜救协调指挥中心主要负责搜救任务的统一调配，其功能类似国际搜救体系中的搜救协调中心（RCC）。具体搜救任务的实施控制应该由各省市的航空应急指挥中心负责，其功能和国际搜救体系中的搜救分中心（RSC）基本一致。航空搜救力量（含义类似国际搜救体系中的搜救设施）由任务相关单位或个人按照一定的规划进行分布式建设，但在使用阶段应本着一定的原则统一有效调用。

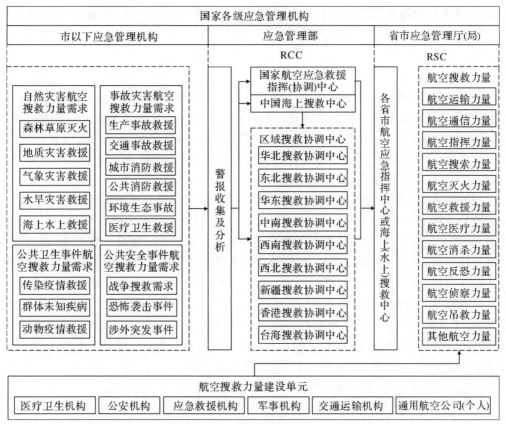

图 1-3 我国航空搜救体系基本框架

1. 国家级搜救协调指挥中心

按照现行体制和任务的一般划分,所有的应急救援任务应该都由应急管理部门负责,但是由于海事救援的特殊性和救援工作的延续性,我国海上/水上应急救援工作前期一直由交通运输部负责,其下属的海上搜救中心也是对接国际救援的重要部门,因此按照国际通行的搜救体系,我国应该在应急管理部成立一个国家联合搜救协调中心(Joint Rescue Co-ordination Centre,JRCC),负责对所有的航空搜救任务进行统一协调,而后根据事故发生地域,再将任务划分给国家航空应急救援指挥(协调)中心(即全球搜救体系中描述的航空搜救协调中心,Aeronautical Rescue Co-ordination Centre,ARCC)和中国海上搜救中心(即全球搜救体系中描述的海上搜救协调中心,Maritime Rescue Co-ordination Centre,MRCC),其中国家航空应急救援指挥(协调)中心由应急管理部管理,主要负责组织航空搜救力量,对我国陆地范围内的事故实施搜救行动;中国海上搜救中心由交通运输部管理,主要负责组织海空搜救力量,对我国水域范围内的事故实施搜救行动。其中我国的国家联合搜救协调中心和航空搜救协调中心可合并为单一机构,以便于资源优化整合和提高协调的效率。

2. 区域级搜救协调指挥中心

按照全球搜救体系中对 RCC 区域划分的描述,如图 1-4 所示,我国应该有 11 个搜救协调中心(包括台北搜救协调中心)分别对应 11 个飞行情报区:沈阳飞行情报区(ZY-

SH)、北京飞行情报区(ZBPE)、上海飞行情报区(ZSHA)、台北飞行情报区(RCAA)、武汉飞行情报区(ZHWH)、广州飞行情报区(ZGZU)、香港飞行情报区(VHHK)、三亚飞行情报区(ZJSA)、昆明飞行情报区(ZPKM)、兰州飞行情报区(ZLHW)和乌鲁木齐飞行情报区(ZWUQ)。

由于政治、经济、历史和成本效益等原因,现阶段我国的航空搜救区实际划分为华北搜救区(北京飞行情报区)、东北搜救区(沈阳飞行情报区)、华东搜救区(上海飞行情报区)、中南搜救区(武汉飞行情报区、广州飞行情报区、三亚飞行情报区)、西南搜救区(昆明飞行情报区)、西北搜救区(兰州飞行情报区)、新疆搜救区(乌鲁木齐飞行情报区)、香港搜救区(香港飞行情报区)和台北搜救区(台北飞行情报区)等9个。

需要注意的是本著作所描述的我国区域搜救协调中心和航空搜救区概念是不同的,前者是指在需要航空搜救力量实施应急救援的区域,后者主要是负责航空器遇险处置的区域,两者之间有着明显区别:①前者的搜救对象要包含后者的搜救对象;②前者由应急管理机构负责,后者由民航部门负责;③前者主要是航空搜救力量的协调机构,后者能够提供航空器事故搜救的一切力量的协调机构。虽然两者之间有着明显区别,但就其职能而言两者都是执行搜救协调的机构,而且都和航空器的使用密切相关。因此,从效益角度出发,笔者认为在航空搜救中心的基础上构建我国的区域搜救协调中心是较为科学的,这样一方面便于航空搜救力量的调度,另一方面可以减少协调的难度、提高搜救效益。

3.各省市航空应急指挥中心

在我国而言,各省市航空应急指挥中心实际上对应的是国际搜救体系中的搜救分中心概念,由于我国的应急管理机构并不是按照航空搜救区域的体系构建的,而是按照国家、省、市的结构由各级政府机构按照级别设置的,这就使得各省市的航空应急指挥中心可能会对接两个或多个搜救协调中心的搜救任务,但这并不影响其实际功能和正常运转,其主要任务只是为各协调中心的具体任务对接中心配置的相关航空搜救力量并提供相应的保障服务。

4.航空搜救力量的建设单元

根据搜救需求的不同,实际上航空搜救力量在建设时都是具有一定针对性的,比如用于应急救援的航空搜救力量更注重搜索器材和悬停吊救设施的配置和救生人员的能力培养,医疗救援的航空搜救力量更注重机载医疗救护设备的配置和医护人员的空中医护能力建设,用于空中灭火的航空搜救力量更注重的是直升机的运载能力和操控人员的精确控制能力等。因此在航空搜救力量建设时,应该由不同的职能部门、机构、公司或个人根据需要进行建设,但当航空搜救需求出现时,应该由距离最近的省(市)应急指挥中心根据不同的搜救任务需求,调配航空搜救力量实施救援,在资源调配时一般优先调用警报来源机构的航空搜救资源,在无法满足需求时,再根据具体情况灵活配置其他航空搜救平台予以支援。这里需要注意的是,航空搜救力量的建设不仅包括硬件平台的建设,还包括机组、后勤、保障和空中勤务人员的培养,而且每个搜救平台还应培养一个能够担负现场协调人(OSC)职责的指挥员,可以担负协调现场搜救行动的任务,主要负责协调所有搜救单元的协同、落实上级指挥中心的搜救指示、防止发生次生危害等工作。

三、我国航空搜救组织指挥机制的基本设计

我国航空搜救行动的组织指挥机制需要结合我国航空搜救力量的发展、相关机构的职能分工和航空搜救行动特点等要素进行总体设计。笔者综合上述因素，提出了适应我国现阶段航空搜救需求的组织指挥机制基本设计，如图1-5所示。

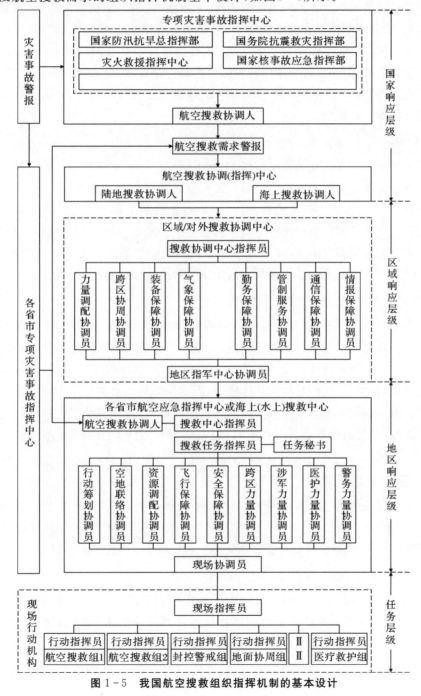

图1-5 我国航空搜救组织指挥机制的基本设计

（一）国家响应层级

国家响应层级在我国航空搜救组织指挥体制中位于最高层级，其主要职能包括以下3项内容。

1.研究航空搜救发展的重难点问题

影响航空搜救效能的要素包括组织指挥、人才培养、装备建设、行动效率和日常训练等多个方面，只有不断优化完善相关环节，才能不断推进航空搜救质量的提升。国家响应层级应加强国内外航空搜救行动的研究，对自身建设中存在的问题进行分析，确定问题根源和改进措施，为应急管理部门开展航空搜救力量建设、完善组织指挥模式、研制新型航空搜救平台、制定航空搜救人才培养方案、改进航空搜救训练大纲、优化航空搜救力量布局等提供参考和依据。

2.对接国家专项事故灾害指挥中心

由于不同事故灾害处置的差异性较大，我国在应对不同事故时由专项指挥部或中心负责具体处置事项，但如果为每一个专项灾害事故指挥部都单独配置一套航空搜救力量，无疑会造成巨大的人力资源浪费，并且也不利于航空搜救力量的整体建设和灵活使用。因此在每个专项灾害事故指挥中心单独设置一个航空搜救协调人岗位，用于确定事故灾害救援时的航空搜救需求，并将需求警报传递给响应层级的航空搜救指挥组织，再由统一的航空搜救组织负责航空搜救力量的调集和搜救任务的规划即可。

3.响应跨区航空搜救力量调配需求

当灾害事故后果严重，以至于区域中可用航空搜救力量无法满足需求，需要跨区调集大量航空搜救力量用于应对事故灾害时，由航空搜救协调（指挥）中心负责对接其他区域或国家的航空搜救力量进行支援。需要明确的是，其职能仅限于协调，确定支援力量的人员构成、装备型号、规模数量等具体情况，而支援力量的具体行动方案和保障协调等职责则由区域响应层级组织指挥机构具体负责。除此之外，当事故发生在区域交叉地域或陆海交叉地域，搜救任务隶属不清晰时，也由其负责为任务匹配邻近的搜救力量和指挥机构。

（二）区域响应层级

区域响应层级的职能机构是区域/对外搜救协调中心，是我国航空搜救体制中的中间环节，一方面要在救援时负责跨区力量的具体调配和区域内的所有飞行保障，另一方面在平时要做好本区域内航空搜救力量的建设工作，该层级主要职能包括以下3项内容。

1.跨区域航空搜救力量的调配

首先是收集来自区域内各省市航空应急指挥中心或海上（水上）搜救中心的力量调配需求，如果内在区域内完成力量调集则直接进行力量的配置，该任务主要由区域搜救协调中心的力量调配协调员完成；其次如果本区域内的航空搜救力量无法满足需求时，则对接国家航空搜救协调（指挥）中心，进行跨区航空搜救力量的协同，该任务主要由区域搜救协调中心的跨区协同协调员负责；同时跨区协同协调员还要负责当其他区域航空搜救力量不足时从本区调动力量进行支援的协调任务。

2.区域内航空搜救的行动保障

航空搜救行动和地面行动的不同之处就在于其具体行动需要的实施需要多种资源和信息情报的实时保障，才能确保行动的安全和高效。区域搜救协调中心就需要为在本区域内飞行的所有搜救航空器协调各种所需的保障，保证航空搜救机组能够将精力集中于具体的搜救任务方面。该任务一般在搜救协调中心指挥员的统一协调下，由装备保障、气象保障、勤务保障、管制服务、通信保障和情报保障等协调员具体实施，再由地区指挥中心协调员负责对保障情况进行通报，并对下收集新的保障需求。

3.航空搜救力量的建设和训练

区域搜救协调中心要根据国家航空搜救协调（指挥）中心的统一规划，制定本区域内航空搜救力量的建设方案并负责监督落实，在落实过程中收集相关改进意见建议并及时上报；同时监督各省市搜救力量按照不同航空搜救平台的要求，落实其年度训练大纲，为保持和恢复平台搜救能力提供具体指导，对训练中发现的问题要及时予以纠正。同时，在合适时机应在区域内或跨区域随机抽调航空搜救力量进行协同演练，演练形式可以根据年度任务安排以专项考核、综合演练、协同救援等形式开展。

（三）地区响应层级

地区响应层级的职能机构是各省市应急指挥中心或海上（水上）搜救中心，是航空搜救行动的直接指挥机构和搜救力量间的协调机构，其核心任务一方面是在救援时为现场行动提供协调保障，另一方面是在平时做好地区内航空搜救力量的建设工作。该层级主要职能包括以下 4 项内容。

1.对接地区级专项灾害事故指挥中心

由于地区级响应层级是航空搜救力量的直接指挥和响应机构，和国家、区域响应层级相比，地区响应层级接警报后，航空搜救力量能够最快响应。但是在各地市级指挥中心都单独设置一套航空搜救指挥体系或航空搜救岗位显然不适合人力资源的最佳配置要求，因此将该协调岗位直接设置到各省市应急指挥中心或海上（水上）搜救中心，各专项指挥中心只需要提出具体的航空搜救力量需求，并将该需求向搜救中心的航空搜救协调人明确即可。

2.对接现场指挥员的协调和保障需求

航空搜救平台可以单独执行搜救任务也可以和多平台协同执行搜救任务，协同可以是地空协同也可以是空空协同，参与搜救的平台可能来自应急救援机构，也可能来自医疗、公安、军队或其他区域，这些平台之间的协同仅仅依靠现场行动机构是很难有效完成的，需要后方指挥机构也就是各省市应急指挥中心或海上（水上）搜救中心予以协助完成。这些协调任务主要由现场协调员首先对接现场指挥员，在充分了解协调需求后由跨区力量协调员、涉军力量协调员、医护力量协调员和警务力量协调员等协调其他参与力量配合实施，当然这些专项力量协调员岗位不一定设置于各省市应急指挥中心或海上（水上）搜救中心，也可以根据实际情况设置于各专项灾害事故指挥中心。除搜救力量协调需求外,现场指挥员如果还有其他资源的需求也可以通过现场协调员交于资源调配协调员负责落实。

3.现场指挥的辅助决策和协助指挥

各省市航空应急指挥中心或海上(水上)搜救中心会有一个指挥员负责该地区所有航空搜救任务的协调,同时会为每一个航空搜救任务匹配一个专门的搜救任务指挥员,搜救任务指挥员将第一时间汇总该任务的所有情报信息,并和行动筹划协调员一起在航空搜救力量准备和到达前对现场行动进行先期规划,并和现场指挥员建立通信联络,在其到达前会形成至少一套较为完善的行动方案,现场指挥员在到位后会根据实际情况适当修改,并组织现场应急救援行动。营救行动开始后,搜救任务指挥员的工作重心就应该放在后续处置的接续安排上,例如航空医疗救援的后送点的确定、地面转运力量的到达、医疗机构的准备等,而行动筹划协调员则始终关注现场指挥,根据搜救力量变化、环境情况变化协助现场指挥员进行搜救方案的调整和实施。

4.所属航空搜救力量的建设和训练

搜救任务结束后,航空应急指挥中心或海上(水上)搜救中心应及时组织总结行动经验,并对存在的问题进行分析,撰写任务报告,提出改进意见建议。平时,地区响应层级应按照各航空搜救单元的训练大纲,负责组织安排日常训练,按照要求检查维护航空搜救平台和装备,保持区域内所有航空搜救平台的执勤率不低于一定水平。同时,加强对区域内的风险点研究,对事故灾害多发地区、地面力量不易到达区域、季节性事故区域进行认真分析,适时调整地区内部航空搜救力量的部署。

(四)任务层级

任务层级没有指挥机构,仅由一名现场指挥员负责组织指挥所有现场的搜救力量,一般当有人航空搜救平台参与应急救援任务时,现场指挥员都是由某个航空搜救平台的行动指挥员兼任,原因在于航空平台的视野更好,更容易掌握现场情况和所有参与行动的搜救力量情况,其他某一类救援力量各为一组,由带队指挥员担任行动指挥员,在现场指挥员的指挥下协同完成应急救援任务。该层级的主要职能包括以下3项内容。

1.现场情报的收集和上报

任务层级位于灾害事故位置,直接面对险情、直接接触遇险人员、直接感知周边环境,便于事故灾害情报的收集,现场指挥员应尽可能地指挥所有搜救力量掌握现场情况,并及时对接现场协调员,上报现场情况,为任务指挥员协调更多支援力量、完善修改救援方案提供可靠情报和数据。现场指挥员也可根据现场情况做出判断,上报救援所需的其他需求,以便于搜救行动的有效展开。

2.搜救力量的组织和指挥

现场指挥员应和各行动指挥员充分沟通,在充分了解搜救力量情况、平台情况、救援需求后,根据现场情况对搜救预案进行修改完善,而后根据搜救预案对搜救力量进行任务分组,明确各自任务、协同要点、任务顺序、行动次序和处置流程,并建立各协同小组之间的通信联系,情况允许的情况下应对特情进行充分的预想预防,尤其对处置过程中的危险环节要予以明确,防止因处置失误造成更严重的人员财产损失。

3.搜救行动的协同和实施

搜救行动的协同工作包括组间协同和组内协同两个方面的内容,组间协同一般需要现场协调,原因在于两组人员可能来自不同的搜救机构,若平时没有协同演练,则需要对协同的重难点环节予以明确,尤其是在协同的时机、协同的人员、协同的方式上进行详细的沟通,如果时间不允许可以边救援边协同。组内协同一般不需要现场协调,原因在于同组人员一般来自相同机构,日常训练协同相对娴熟,只需要根据实际进行简单协同即可。但需要注意的是,有协同关系的小组间一定要建立通信联络,防止因协同不畅导致任务失败。

第二章 典型搜救直升机

直升机按用途划分,可以分为军用直升机和民用直升机;按结构形式可以分为单旋翼直升机、纵列式双旋翼直升机、横列式双旋翼直升机以及共轴式双旋翼直升机等;按发动机种类划分可分为活塞动力直升机、涡轮轴动力直升机;按发动机数量划分,可分为单发直升机、双发直升机和多发直升机;按起降场地特点划分可分为陆用直升机、舰载直升机和水陆两栖直升机;按隐形能力划分可分为隐形直升机、准隐形直升机和非隐形直升机;按发展阶段可分为第一代、第二代、第三代、第四代和第五代直升机。此外,还可以以旋翼叶片数、旋翼叶片连接方式等对直升机进行分类。在航空搜救领域,搜救直升机一般按照搜救能力进行类别划分,见表 2-1,根据直升机最大起飞重量和可转移的人员数量,搜救直升机一般分为轻型、中型和重型 3 个类别,当两个指标同时达到相应标准时,可划分到该类别。

表 2-1 搜救直升机类别划分表

直升机类别	最大起飞重量/t	可营救人员/人
轻型搜救直升机(HEL-L)	2～4	1～5
中型搜救直升机(HEL-M)	4～8	6～15
重型搜救直升机(HEL-H)	大于 8	15 以上

需要注意的是,这种划分方法和按照直升机最大起飞重量的划分方法是不同的,按照最大起飞重量划分时,直升机可分为小型、轻型、中型、大型和重型五类,虽然和按照搜救能力划分时的轻型、中型、重型在称呼上一致,但划分标准是有显著差异的。当然也有按照直升机生产厂家(如西科斯基系列、贝尔系列等)和实际应用(如医疗直升机、灭火直升机等)进行分类的,但按照级别进行分类,标准清晰、类别简洁、不易混淆,而且能直观反映直升机在运载能力、技术状态、经济性和维护等多方面的差别,因此多数著作中都采用级别进行分类,本节就采用这种分类方法对一些应用广泛的搜救直升机进行简要介绍,介绍顺序以型号名按照英文字母表排序。

第一节 轻型搜救直升机

轻型搜救直升机的最大起飞重量在 2～4 t,通常可以营救 1～5 人,飞行半径在 185 km。典型的轻型搜救直升机有 AW-109/AW-119,EC-135/EC-145,MD-900/MD-902,BK-117 等机型。由于防护能力一般、救援能力小,一般用于民用救援,尤其多用于公路救援、复杂地形人员搜救和医疗转送等。

（一）AW-109/AW-119"考拉"直升机

如图2-1所示，AW-109直升机是由意大利阿古斯塔韦斯特兰公司生产的轻型、双发、八座多用途直升机，机身细长，是一款可以军民两用的轻型直升机。其原型机A-109直升机于1971年首飞成功，1976年正式交付使用，1997年正式走向市场。相对于同类型直升机，具有速度快、载重大、安全性高的特点。AW-109直升机的机身材料为铝合金，结构为蜂窝状，这样的设计可以大大提高飞机的耐撞性。主旋翼采用4片全铰接式旋翼系统，复合材料旋翼桨叶，强度非常高，具有防弹功能，桨叶敷有特殊涂层，以增强防蚀和防磨能力，边缘有不锈钢材质，可以进行手工的折叠。采用了新的轻型尾桨，2片桨叶的半刚性尾桨，尾桨叶翼型为气动性能较好的"沃特曼"翼型，桨叶前缘包有不锈钢蒙皮。

图2-1 瑞士航空救援组织（GREA)的AW-109搜救直升机

AW-109直升机的动力装置为2台加拿大普惠公司生产制造的PW206C涡轮轴发动机。油箱最大的容量为605 L。每台发动机都配备有独立的燃油和机油系统以及独立的发动机控制装置。直升机还配置了最先进的航空电子设备包，驾驶舱安装有罗克韦尔柯林斯公司（Rockwell Collins ProLine II）或霍尼韦尔银冠公司（Honeywell Silver Crown)航空电子套件，以及综合自动导航系统、测距系统、全球定位系统和惯性定位系统等，一大批先进的航电设备让这款直升机的操纵性以及机动性都非常高，可以有效保证其在昼夜环境下的飞行安全。其基本参数和主要性能见表2-2。

表2-2 AW-109直升机基本参数和性能指标

类 别	性能指标	基本参数
外形尺寸	旋翼直径/m	11
	尾桨直径/m	2
	机长/m	13.04
	机高/m	3.5
	座舱容积/m³	4.9

续 表

类 别	性能指标	基本参数
重量及载荷	空载重/t	2
	最大起飞重量/t	2.85~3
	机组人员/人	1~2 人
	乘客数量/人	6~7 人
性 能	最大速度/（km·h^{-1}）	285
	最大航程/km	964
	最高升限/m	5 974
	最大爬升率/（m·s^{-1}）	9.8

　　AW-109 直升机通用型客舱内部可以乘坐 6 人，座椅可以快速拆卸，让这款直升机便于转为医疗救护或搜寻救援专用直升机。机舱的两侧各有一个滑动的门，可以方便货物和人员出入。起落架为三轮式，装有空气和液压减震器。其搜救改进型 AW-109 Trekker，舱门宽至 1.4 m，客舱空间达 4.9 m³，是同级别飞机中相对较大的，给绞车作业、医护处置等应急救援任务带来了巨大的便利，可容纳 2~3 人进行作业活动而不影响驾驶员。宽敞的空间还可以使作业舱（医疗舱）和驾驶舱完全相互独立，可供放置两副担架，便于放置医疗和救护器材，随机医护人员可对医患全身实施应急处置。配有吊挂能力在 204 kg 的救援绞车、搜索灯、空中警报系统、应急漂浮装置、气象雷达、微光电视和前视红外装置、吊挂能力 1 t 的外部吊钩。

　　后来，阿古斯塔公司根据市场需求，为了降低成本，在 AW-109 直升机原型机 A-109 的基础上，改用单发布局，而没有采用安全性更好的双发布局，新研制了 A-119 "考拉"直升机，于 1995 年试飞，1997 年换装了加拿大普惠公司的 PT6B 涡轴发动机，1999 年年底开始交付。后由于公司合并收购等原因，更名为 AW-119 型。阿古斯塔公司后来根据搜救市场需求，又在 AW-119 直升机基础上发展了 AW-119Kx 型直升机，改型飞机有商用、救护、消防、警务等多种构型：消防构型可外装吊挂式消防水桶（1 225 L）或者腹部水箱（1 200 L），双吊货钩装置可分别承担 1 400 kg 和 500 kg 的货物重量，均可吊挂用于灭火装置；警务构型可选用 sx-5 和 sx-16 探照灯作照明设备，方便夜间侦察行动，同时红外摄像和低照度摄像的装配，可使直升机在夜间等能见度较差的环境下进行巡查和缉捕工作；商用构型可以选择 5 座和 6 座两种结构，客舱座椅、地毯等配饰的材质颜色可按样板选配，有阅读灯、橱柜等生活设计。除此之外，该机型最实用的构型是医护构型。目前，AW-119Kx 直升机是轻型单发直升机中唯一真正具备紧急医疗服务（Emergency Medical Service，EMS）功能的直升机，在该机的多种可变构型中，EMS 构型最为经典，堪比双发飞机的大客舱空间可装载两副担架，同时并不减少飞行员座位，这是其他任何轻型单发直升机都不具备的。后舱座椅和担架都为可拆卸式设计，担架在不用时可折叠存放在行李舱内，在执行应急救援任务时，可快速卸下座椅改装上担架，改型全程相对简单，仅需一人即可完成，且无需任何额外工具。

(二)EC-135/EC-145直升机

EC-135直升机实际上也起源于德国梅塞施米特-伯尔科-布洛姆公司(Messer-schmitt-Bölkow-Blohm,MBB)。为替代不太成熟的Bo-105,MBB在20世纪80年代初期,运用了一系列的高新科技,设计了一款型号为Bo-108的直升机,原计划是将其设计成高科技直升机的演示机,应用了包括无铰接旋翼、全复合材料无轴承尾桨、装有减振装置的紧凑型变速箱、复合材料结构、改进的气动外形、现代航空电子设备和电子飞行仪表系统等先进技术。MBB在1988年10月17日对其进行了首次技术验证飞行。原计划于1994年获得适航证,1995年开始交付用户以替代Bo-105直升机。但到了1992年,MBB和法国航宇直升机部门被欧洲直升机公司收购整合。欧直公司的收购使得其产品研发能力得以进一步加强,公司在当年的下半年对Bo-108直升机的尾部旋翼应用了全新的设计,该设计将原有的水平旋翼替换成了窗隔式涵道尾桨尾部螺旋系统,不但增强了其安全性,还使其成为了同级别飞机中噪音水平最低的直升机,这就是EC-135直升机的原型机。

EC-135直升机是一款7~8座的双发轻型民用直升机,如图2-2所示。机身的流线型好,机身外壳、框、舱门、水平安定面及端板均采用复合材料结构,复合材料大部分是芳纶或碳纤维蜂窝结构,大幅减轻了机体重量,机身侧蒙皮、座舱底板及尾梁等仍采用传统的铝合金结构。着陆装置为滑橇式起落架。主旋翼采用4片桨叶和FVW无轴承旋翼系统,带有桨叶支臂,桨叶转速可调。尾桨安装在尾斜梁的左侧,采用10片具有气流修正功能的涵道式风扇尾桨,可进一步减少气流的动量损失,在改进风扇的性能的同时,有效降低噪声。在动力方面,装普·惠加拿大公司PW206发动机的EC-135被命名为EC-135 P-1,装透博梅卡公司阿赫尤2B1发动机的被命名为EC-135 T-1,单台功率分别为463 kW和435 kW,后续改型发动机功率还略有变化。机内标准燃油总容量为713 L,可选装容量为200 L的机载辅助燃油箱。其基本性能和主要参数见表2-3。

图2-2 ADAC航空队的EC-135救援直升机

表 2-3　EC-135、EC-145 直升机基本参数和性能指标

类 别	性能指标	EC-135 基本参数	EC-145 基本参数
外形尺寸	旋翼直径/m	10.2	11
	尾桨直径/m	1	1.96
	机长/m	12.16	13.03
	机高/m	3.51	3.96
	座舱容积/m³	3.8	3.8
重量及载荷	空载重/kg	1 490	1 792
	最大起飞重量(内载)/kg	2 835	3 585
	机组人员/人	1~2	1~2
	乘客数量/人	5~6	5~6
性 能	最大速度/(km·h⁻¹)	259	268
	最大航程/km	629	680
	最高升限/m	6 096	5 240
	最大爬升率/(m·s⁻¹)	7.6	8.1

　　由于其稳定性好、机械故障率低,尤其适用于作为医疗直升机,其多数订单都是以航空医疗配置的形式交付,主要用于航空医疗领域。据不完全统计,世界上约 25% 的应急医疗救援服务由 EC-135 直升机提供。我国也于 2014 年 10 月首次引入该机型用于航空医疗救援。

　　在 EC-135 机型获得了很好的市场效益后,欧直公司于 1998 年开始进入 EC-145机型的研制工作中,面对新的设计需求,设计师发现在这种需求下将 EC-135 直升机的前机身和 BK-117 直升机的后机身拼合起来很容易满足商载大、航程远、噪声低、驾驶舱舒适宽敞、驾驶员工作负荷轻、系统安全可靠、使用成本低等设计需求,尤其是该设计适当改进后能够很好满足欧洲 JJAROPS 最新适航要求,允许在人口密集地区和市区起降。因此,为缩短研制周期,尽早投放市场,公司在研制 EC145 直升机的过程中将 EC-135的前机身和 BK-117 的后机身拼合起来,如图 2-3 所示,在缩短了研制周期和开销的基础上,也取得了很好的市场效益。

　　EC-145 直升机并不是简单的在结构上将 EC-135 的前机身和 BK-117 的后机身进行结合,欧直公司在设计阶段充分利用专业软件进行了建模并论证了多种机体模型,确保了其安全性和可靠性。当然为节省成本,EC-145 直升机采用了许多与 EC-135 直升机相同的设计,同时,为减少零件重量和降低加工成本,机身主要结构选用薄壁型材,机身主要承载结构采用铝合金材料,座舱框架、顶板和地板、发动机整流罩及舱门等则选用轻质的复合材料,发动机台架使用了钛合金为主的材料。而且在结构设计时,为了提高机体的抗毁能力,设计师采用凯芙拉复合材料结构对次承力结构进行了优化,燃油箱、起落架、驾驶员和乘客座椅都进行了抗坠毁设计。经过这些改进,相对于 EC-135 直升机,其载重能力得到了大幅度提升,同时在航速、航程和爬升率方面都有了更好的表现,具体性能和参数比较见表 2-3。

图 2-3 澳大利亚采购的 EC-145 医疗救援服务直升机

(三)MD-900/MD-902 直升机

MD-900"探索者"直升机是原美国麦道公司(1997 年和波音公司合并)研制的 8 座双发轻型直升机,20 世纪 90 年代初完成首飞并于 1994 年底开始逐步交付使用,该机型早期设计型号为 MDX。旋翼系统是由 5 片全复合材料构成的无轴承旋翼系统,采用了铝合金的机框、复合材料的蒙皮,顶部整流罩部分使用了凯夫拉复合材料结构,其余的驾驶舱、后舱和尾部都以碳纤维结构为主。大风挡玻璃的设计方式使其驾驶舱视野宽阔,飞行员拥有较好的对地观察效果。动力装置方面主要采用加拿大惠普公司的 PW206A/E 发动机。标准油箱容量为 602 L,也可以选装 818 L 油箱。1997 年麦道公司又继续对其进行设计改进,推出了 MD-902 型号,该型号重新设计了进气道、改进了 NOTAR 进气、换装了 PW207E 发动机、采用了更有效的安定面设计,增加了起飞重量和航程、改善了高温高原以及单发情况下的使用性能。

实际上从商业角度讲,该系列的直升机并不成功,订单量也不大,但是该系列最大特色是采用无尾桨设计,如图 2-4 所示,机尾的喷流口喷出的高速气流代替了其他大多直机上的尾桨,不但降低了噪音,而且还消除了直升机最容易出现的尾桨打地或打伤地面人员的情况。正是由于其旋翼窄小、片数多、无尾桨、振动小的独有特点,提高了在复杂地带作业的安全系数,非常适应用于救护飞行、海上救援、悬停吊救等航空搜救作业。

图 2-4 MD-902 的无尾桨设计

除以上机型外,其实还有很多优秀的轻型搜救直升机,例如法国的 AS350 直升机、我国的 AC311 直升机、英国的"山猫"直升机、美国贝尔公司的 Bell - 407/Bell - 427/Bell - 429 直升机、日本的 UH - X 直升机等,都可用于不同需求的航空搜救行动。

第二节　中型搜救直升机

中型搜救直升机的最大起飞重量在 4～8 t,通常可以营救 6～15 人,飞行半径在 8 185～370 km。典型的中型搜救直升机有:AW - 139,Bell - 412,EC - 175,Ka - 60,S - 76,UH - 60,AS - 365 等。相对轻型搜救直升机,中型直升机可以携带更多的医护/救援人员、救援装备和医疗装备,因此搜救能力更强,而且防护能力好、速度更快,因此中型搜救直升机的适用范围更广,在 3 个等级中使用最为广泛。

一、AW - 139 直升机

AW - 139 直升机最初是由意大利的阿古斯塔公司和美国的贝尔直升机公司联合设计和研发的,于 1997 年开始研制,1998 年和贝尔直升机公司组建"贝尔-阿古斯塔航宇公司"后,项目以 AB - 139 的型号名称继续研制工作,但随着后期公司股权的变动,阿古斯塔公司拥有了该项目的全部股权,将型号名称改为 AW - 139。

如图 2 - 5 所示,AW - 139 直升机是一款多用途中型双发直升机。机身为金属结构,与同级别直升机相比,AW - 139 直升机的客舱相对宽敞、改装性好、技术成熟,容积达到了 8 m³,可搭载 12～15 名乘客。配有大型滑动客舱门,而且为方便各类物资的装卸,客舱内外部都可以进入行李舱,为便于乘坐,设有较宽等登机梯。它还选用了模块式的配置方案,便于其在不同构型间快速转换,可满足行政商务、医疗救护、搜索救援、人员运输、车辆调运、国土安全和指挥控制等多种任务需求。着陆装置为可收放的三点式轮式起落架。

图 2 - 5　我国应急救援机构使用的 AW - 139 直升机

AW - 139 直升机的动力装置是 2 台加拿大普惠公司的 PT6C - 67C 涡轮轴发动机,总输出功率是 2 504 kW,即使在恶劣的环境和大载重条件下,也能够表现出优秀的巡航速度和动力输出,最大巡航速度可达 309 km·h^{-1},该发动机还安装有 FADEC 系统,可以精确控制发动机的运行,这就让这款直升机的噪声和振动可以进行调节,产生的噪声比国际民航组织的限值至少低 5 dB。油箱最大容量为 1 275 L,必要时可在行李箱和座舱下安装一个容量为 400 L 的副油箱,使用副油箱时最远航程超过 1 060 km。而它的吸能起落架、机身、座椅以及加大的尾桨地面间隙等设计,进一步增加了乘客及机务人员的地面安全保障。其基本参数和主要性能见表 2-4。

AW-139 直升机在机载设备方面使用了霍尼韦尔公司的 Primus EPIC 智能综合航空电子系统,自动化水平和安全水平非常高,在飞行时可以自动悬停。配有数字自动飞行控制系统和由 2~5 台高清显示器构成的交互显示系统,而且该机型采用了先进的维护理念,通过减少装配部件数量,在减少地面维护的同时也更加便于操作。该机型在我国应急救援领域也有着广泛的应用,其首先由浙江警航应用于突发事件的处置。而后在 2016 年 7 月 25 日,由瑞士 Aerolite AG 中国区代表玺飞通航改装的 AW-139 医疗构型直升机获得了中国民航局适航认证许可,成为了我国第一架中型双发级别的专业医疗救援直升机。

表 2-4 AW-139 直升机基本参数和性能指标

类 别	性能指标	基本参数
外形尺寸	旋翼直径/m	13.9
	尾桨直径/m	2.65
	机长/m	13.53
	机高/m	4.95
	座舱容积/m³	8
重量及载荷	空载重/t	3.5
	最大起飞重量/t	6
	机组人员/人	2
	乘客数量/人	12~15
性 能	最大速度/(km·h^{-1})	309
	最大航程/km	1 060
	最高升限/m	3 600
	最大爬升率/(m·s^{-1})	10.2

二、Bell-212/Bell-412/Bell-430 直升机

1. Bell-212 直升机

提到贝尔系列直升机就不得不提到其经典机型 Bell-204/Bell-205,及其军用型号 UH-1。1955 年,美陆军通过对整个朝鲜战场航空搜救行动的总结分析,提出了一种可执行多种军事任务的通用型直升机需求,在认真研究了该需求后,美国的贝尔公司推出

了 Bell - 204 通用直升机的设计,该设计在直升机发展史上具有代表性意义,它首次采用了涡轮轴发动机,使得直升机的重量和耗油量显著降低,降低了维修、维护及保养的费用,可以乘坐 14 人或加装 6 个担架,而且可以在大载重条件下高速飞行,战场生存能力强。采用单旋翼带尾桨进式,旋翼为两片半刚性主旋翼,为保持稳定,还与桨叶成 90°装有一对稳定杆。机身后是稍上翘的尾梁,与机身一样,均为半硬壳构造。美军方对此十分满意,将其命名为 UH - 1H。在 Bell - 204 直升机获美军采用后,贝尔直升机公司很快又改进推出了 Bell - 205 直升机。与 204 型直升机相比,205 型直升机两侧各有一扇较大的货舱舱门,通过铰链前后开关,重新设计了机身(加长了 40 cm),较大的旋翼也可以提供更大的升力。美军将改型飞机的军用型号命名为 UH - 1,绰号"休伊"或"易洛魁",可装备两挺 M - 60D 舱门机枪,还可在机身两侧挂架和机鼻炮塔内安装 M60C 机枪、20 mm机关炮、2.75 in① 火箭、40 mm 榴弹发射器、线导反坦克导弹等地面压制火力。20 世纪60 年代初期,美国卷入越战,大量 UH - 1 直升机被投入越南战场,主要担负给养补给、指挥与控制、救护、运输等任务。至今,该型飞机已经发展出几十种机型,使用国家遍及五大洲几十个国家,并在日本、意大利、前联邦德国等多个国家中进行过成批仿造,总产量约在 10 000 架以上。虽然目前已经停产,但其却是从大战后到今天,世界上使用最广泛、知名度最高的军用中型多用途直升机。

Bell - 212 直升机就是在 Bell - 204/Bell - 205 系列基础上研发的一种军民两用直升机。开始时,这款直升机主要用于满足加拿大武装部队对 Bell - 205 双发的需求,型号确定为 CUH - 1H,在和普惠加拿大公司确定了发动机需求后,该机便进入了加拿大政府的军用直升机的采购清单。而随后美军也提出了相似的需求,编号确定为 UH - 1N。在经历了近一年的研发改进工作后,Bell - 212 直升机于 1969 年进行了首飞,并于 1970 年 10月取得了商业执照。其最大的变化是在 Bell - 205 直升机机身基础上进行了拉伸,并配装了两台加拿大普惠公司的 PT6T - 3B 涡轴发动机。实际上 PT6T - 3B 涡轴发动机是一款双联装发动机,由两台 PT6 涡轴发动机通过减速箱驱动 1 个输出轴。这款发动机的好处在于,如果单发故障失效,传感器会自动控制另一台发动机全功率输出,可以保证直升机维持当前状态不致出现重大飞行事故。

如图 2-6 所示,其主旋翼为 2 片桨叶半刚性旋翼,为了工作平稳,采用了预锥度和悬挂措施。由于其双桨叶和双引擎架构,又被称为"双212"。美军型号 UN-1N 则被称为"双休伊",共有 15 个座位,包括 1 名飞行员及 14 名乘客,安装了全套全天候飞行仪表,多通道高频收发报机,航向、机体与下滑道相对位置全向指示器和仪表着陆指示器,甚高频信标接收机,C-4 导航罗盘,12.7 cm 全姿态飞行指示器。Bell - 212、Bell - 412 和 Bell -430 基本参数和主要性能见表2-5。

① 1 in=2.54 cm。

图 2 - 6 日本海岸警备队的 Bell - 212 直升机

表 2 - 5 Bell - 212/ Bell - 412/ Bell - 430 直升机基本参数和性能指标

类 别	性能指标	Bell - 212 基本参数	Bell - 412 基本参数	Bell - 430 基本参数
外形尺寸	旋翼直径/m	14.63	14.02	12.8
	尾桨直径/m	2.61	2.62	2.1
	机长/m	17.46	17.12	15.3
	机高/m	4.48	3.48	3.73
	座舱面积(容积)/m³	6.23	7.02	4.5
重量及载荷	空载重/t	2 882	3 079	2 423
	最大起飞重量/t	5 080	5 397	4 082
	机组人员/人	1~2	1~2	1~2
	乘客数量/人	12~14	12~14	6~8
性 能	最大速度/(km·h⁻¹)	223	259	277
	最大航程/km	420	744	600
	最高升限/m	5 305	5 305	5 590
	最大爬升率/(m·s⁻¹)	6.7	6.85	6.86

由于其适用范围广,在当时技术条件下具有一定的技术优势,Bell - 212 直升机也成为美国第一款在中国销售的直升机。20 世纪 70 年代时,当时的主力机型直-5 直升机早已无法满足我国对直升机的需求,而替代机型直-6/7 都先后下马。这期间虽然为应急和参考的需求陆续购买了少量苏联和法国的米-6、米-8、云雀Ⅲ直升机等,但都没有实际应用。在此期间,由于越战中 UH-1 的出色表现,我国将眼光就集中在了这款直升机的民用改进型 Bell-212 直升机上。当时基于我国的应用需求、国土面积和地形环境需求,我们对中型多用途直升机的性能需求是起飞重量大于 4 t,有效载荷大于 1.2 t,载人大于 12 人,能满足 40℃高温和 4 000 m 高原的条件下的正常工作。而 Bell-212 直升机的各项指标都要由于以上需求,因此在经过多轮谈判和考察后,我国于 1979 年开始购入Bell-212直升机。

2. Bell-412 直升机

在 Bell-212 直升机在军用和民用领域获得了巨大的成功后,贝尔直升机公司在 20

世纪 70 年代末又计划将该机型改装为新标准的直升机,研发性能更为优秀的直升机,该改进项目型号就是 Bell-412 型直升机。该机于 1979 年 8 月进行了首飞,1981 年获得目视规则认证,并开始陆续向用户交付。在外形方面,Bell-412 直升机的旋翼结构改变最大,如图 2-7 所示,改用了四旋翼结构和软平面柔性梁,桨叶采用了先进的复合材料,坚固耐腐蚀,重量非常轻,转速可达到 314 r·min^{-1},巡航速度大约增加 25%,在同一升力条件下,贝尔-412 有效载荷比贝尔-212 增加了 10%。而且为了减少直升机在飞行时产生的噪声和震动,贝尔公司为这款直升机设计了波节梁减振悬挂装置,安装了摆式减振器,不仅减少了振动、降低了噪声,还让飞行功率提高了 3% 左右。

在动力方面,采用了两台加拿大普惠公司的 PT6T-3D 涡轮轴发动机,通过减速器由一根共同的输出轴输出功率。单台总功率 1 044 kW,如果一台发动机故障,另一台可提供 2.5 min,850 kW 的最大应急功率,或者 30 min,723 kW 的功率,确保安全落地。飞机油箱容量为 1 249 L,加装辅助油箱时,油箱容量可提升到 1 870 L。采用的是佳明的航电系统,安装液晶显示屏、自动飞行控制系统、智能发动机控制系统,在飞行时,飞行员可通过触摸屏进行飞行操控。其基本参数和主要性能见表 2-5。

时至今日,Bell-412 直升机(见图 2-7)家族经历了 SP,HP,CF,EP 等多种改型,根据直升机的现代化需求,一直到近几年的 412EPI 构型。这款经典的直升机没有因为潮流而褪色,在原来的基础构型上,反而融入了更多的现代直升机元素,在搜索救援、国土防卫、电力油气、医疗卫生等多个领域都有广泛的应用经验。

图 2-7 Bell-412 消防直升机

3. Bell-430 直升机

除了 Bell-212/Bell-412 直升机,贝尔公司的 Bell-430 也是一款中型搜救直升机。它是贝尔直升机公司研发的一款双发涡轮轴直升机,在同类型直升机中显得相对"小巧",原因在于它是 Bell-230 直升机的改型,原始平台 Bell-222 机型是一种单发民用轻型直升机。在经历了一系列的改进后,Bell-430 直升机在各项性能指标方面都有了显著提升,其基本参数和主要性能见表 2-5,可以营救 6 人以上的遇险人员,基本迈入了中型搜救直升机的行列,但由于其平台限制,始终无法突破空间限制,座舱容积只有 4.5 m³,甚至还不如一些轻型搜救机。和 Bell-230 直升机相比,Bell-430 直升机具有更高的发动机功率、加长的四桨叶旋翼和机身,从 1991 年设计开始,经历了近 5 年的研发,于 1996 年开始交付使用。但由于其定位不清晰,高不成低不就,市场表现差。

三、EC-175/AC-352 直升机

EC-175/AC-352 直升机,即由欧洲直升机公司和中航工业直升机下属中航工业直升机所和中航工业哈飞联合研制的 7 t 级中型运输直升机,中方代号 AC-352,欧方代号 EC-175。按照我国对直升机的命名传统,该型飞机在国内经常也称为直-15 或 Z-15。

这款直升机在我国自主发展直升机历史上具有重要意义,也是中法航空工业合作的重大进展。中法两国直升机合作历史悠久,从 20 世纪 60 年代 SA-316/319B"云雀Ⅲ"直升机的采购,20 世纪 80 年代直接提供 AS-365 N1"海豚Ⅱ"生产许可,20 世纪 90 年代就 EC-120 型直升机开展工业合作,到 2004 年在哈飞建立总装线,(亦称 HC-120),长期的合作建立了良好的互惠互利关系。在此基础上双方进一步就合作研制先进中型多用途直升机进行了探讨,最终在 2005 年 12 月 5 日,哈尔滨飞机工业集团和欧直公司签订合作合同,双方分别投入 3 亿欧元,研制各自承担的工作份额,申请各自所在地区航空安全当局适航证,各自建立总装生产线,向各自的客户提供产品和售后服务,共同研制、共担风险、共享收益和市场。

在研发过程中,为提高双方间的沟通和设计效率,大量使用了电脑辅助设计和辅助制造技术,这在欧洲直升机公司也是第一次。通过公用的开发工具,欧直公司和哈飞之间创建了一套实体模型,两个相距上万千米的合作伙伴之间的协调工作得以简化。经过中法两国设计团队 4 年的共同努力,EC-175/AC-352 项目进展顺利,原型机于 2009 年首飞成功,2012 年分别在中国和法国建成总装生产线,向客户交付首架直升机。EC-175/AC-352 是世界上首款 6~7 t 级、16 座民用直升机,在多用途、安全性、舒适性、燃油经济性、操控性等各方面拥有多项全球领先技术,如图 2-8 所示。

图 2-8　我国和欧直公司联合研制的 EC-175/AC-352 直升机

EC-175/AC-352直升机采用5片旋翼的球柔性主桨毂,尾桨为3片桨叶,主旋翼具有新一代的桨叶外形和桨尖,既减少了振动和噪声,还提高了升力和速度。设计时在充分考虑气动性能的同时,还采用了超低震动的设计,噪音水平在同类直升机中表现优异。动力系统采用加拿大普惠公司具有全权数字化发动机控制系统的PT6C-67E涡轴发动机,其起飞功率约为1 250 kW,最大功率1 140 kW,瞬时最大功率1 289 kW。其基本参数和主要性能见表2-6。

表2-6 EC-175/AC-352**直升机基本参数和性能指标**

类 别	性能指标	基本参数
外形尺寸	旋翼直径/m	14.63
	机长/m	15.6
	机高/m	5.34
重量及载荷	空载重/kg	4 603
	最大起飞重量/kg	7 500
	机组人员/人	2
	乘客数量/人	14~16
性 能	最大速度/$(km \cdot h^{-1})$	315
	最大航程/km	720
	最高升限/m	6 000
	最大爬升率/$(m \cdot s^{-1})$	11

EC-175/AC-352采用空客直升机公司最新研发的HELIONIX系统,集成了许多经过验证的创新技术,采用开放式构架,能够方便地和导航传感器连接。4个高精度、采用冷却技术的多功能液晶显示器能提供理想的可视性,人机界面友好,使驾驶员的态势感知能力大幅提高,有效降低了其工作负荷。而且飞机维护方便,再次出动时间不大于15 min,出勤率95%,可实现搜救力量的快速出动和布置。其搜救构型可按需选装乘员座椅、索降设备,也可按需加装救生绞车、配备营救吊具、担架以执行紧急医疗救援任务。

四、Ka-60/Ka-62直升机

1.Ka-60直升机

Ka-60直升机是由卡莫夫设计局进行研制的中型直升机,原代号为V-60,主要用于搜索、救援、巡逻和运输任务。一提到俄罗斯卡莫夫设计局,大家就会想到共轴双旋翼布局、没用尾桨,这已经成为卡莫夫设计局的一张名片。但是,凡事都有例外,Ka-60直升机却使用了采用单旋翼和函道式尾桨结合的设计,机身也摒弃了笨重的设计,采用了流线型设计,如图2-9所示,像振翅高飞的黑色雨燕,所以被称为"燕子",同时由于它还有着十分强大的运载能力,所以人们还给它另一个代号"逆载鲸"。

图 2-9 俄罗斯 Ka-60 直升机

Ka-60 直升机的主旋翼为四片桨叶,桨叶中一半以上的机构由复合材料制造,桨毂由玻璃纤维和碳纤维制成,尾桨与法国 AS-365"海豚"极为相似,采用了涵道式尾桨,但是将飞行稳定尾翼移至垂尾顶部,与美制"科曼奇"侦查直升机类似。采用 11 片桨叶的涵道式尾桨。由于是军用型号,机身涂满特殊材料并大量采用其他隐形技术,比如可选择转速螺旋桨,使其对光电子、红外线和雷达辐射的反射面大大减小,具有很强的隐形性能,旋翼桨叶由卡夫拉材料制成,被机枪击穿若干小洞仍可以维持飞行。机上所有的系统和单元都是双重并且分开的,发动机可以抗 23 毫米机关炮炮弹破坏,控制系统的接头和连杆可承受 12.7 mm 子弹射击。结构重量的 60% 为复合材料,有效的提高了生存力和抗战斗损伤能力。着陆装置为可收放的后三点式起落架。Ka-60 直升机的动力装置是两台诺维科夫设计局 TVD-1500 涡轮轴发动机,单台功率 970 kW,油箱容量为 1 450 L。驾驶舱内有 2 名驾驶员,座舱空间可乘 12~14 名乘客。其基本参数和主要性能见表 2-7。

表 2-7 Ka-60 直升机基本参数和性能指标

类 别	性能指标	基本参数
外形尺寸	旋翼直径/m	13.5
	机长/m	15.6
	机高/m	4.6
重量及载荷	空载重/kg	4 500
	最大起飞重量/kg	6 500
	机组人员/人	2
	乘客数/人量	12~14
性 能	最大速度/(km·h⁻¹)	300
	最大航程/km	1 000
	最高升限/m	5 500
	最大爬升率/(m·s⁻¹)	11.5

单看外形和数据会发现 Ka-60 直升机是一种中规中矩的直升机,既没有特别出色

的数据,也没有明显的短板,其设定比较类似于美国的黑鹰,只不过是体型较小。如果在1998年,大Ka-60直升机还算是先进的直升机,但是在现阶段Ka-60直升机只能运送兵员、伤员、弹药以及各种物资,进行战场搜救,或凭借其低廉的使用维护价格执行警戒和巡逻任务,改装后甚至可以进行武装侦查,但仅此而已,Ka-60直升机作为一款军用直升机已经没有潜力可挖。

2.Ka-62直升机

为了继续挖掘Ka-60直升机的商业潜力,俄罗斯卡莫夫设计局在Ka-60直升机的基础上去掉了所有军事元素,采用法国发动机,推出了民用版的Ka-60直升机,即Ka-62直升机。如图2-10所示。

图2-10 俄罗斯Ka-62直升机

Ka-62直升机的旋翼系统为5片桨叶,可收放尾轮式起落架,可选装浮筒,用于水上紧急起降,主起落架向前收入机身底部,尾轮收入尾梁。机身60%的部分由高分子复合材料制成,采用透博梅卡Ardiden 3G涡轮发动机,发动机功率高达1 254 kW。Ka-62直升机技术成熟可靠,比AS365海豚有了较大的技术进步,搭载乘客的数量也提升到15人,在航空搜救领域的有着更大的空间。

五、S-76直升机

1975年,随着越南战争的结束,西科斯基意识到已经无法再依靠军品维持公司的正常运营,进而将目光转移到了商用直升机的研发上。S-76直升机就在这种背景需求下应运而生,该型号于1976年中旬进入设计阶段,西科斯基公司凭借着其军用直升机的平台技术支撑,在次年的3月S-76直升机就完成了首飞。开始时西科斯基将其命名为S-74,之后为了纪念美国建国两百周年,该机被重新命名为S-76 Spirit,但由于在对外出售时,由于翻译的问题,1980年时Spirit(有幽灵的含义)被放弃。该机的第一种生产型号是S-76A型。在1982年,S-76A直升机创造了中型直升机在前飞速度和爬升速度方面的12项世界纪录。

如图2-11所示,S-76直升机的旋翼系统包括4片桨叶的旋翼和4片复合材料桨叶的尾桨,主旋翼桨叶主要由复合材料构成,大梁为中空设计,是等离子弧焊接和热成型的椭圆形设计,桨叶外表包裹了玻璃纤维蒙皮,空腔内部则有 Nomex 蜂窝材料填充,桨叶采用了 SC1095 翼型,可以使得悬停状态下桨叶的气动载荷分布更为均匀,从而提升其悬停效率。桨叶叶尖采用后掠下反设计,有利于提升飞行速度和降低噪音。S-76 直升机机身大量采用复合材料,包括玻璃纤维机头、轻合金蜂窝机舱、半硬壳式轻合金尾梁、"凯芙拉"舱门和整流罩等。机身外形经过特别的气动优化设计来降低废阻力以提升效率。该机是西科斯基直升机首次在机身制造中大量采用平头铆钉,也是第一架广泛使用先进复合材料的西科斯基商用直升机。S-76 直升机发动机进气道和整流罩中采用了凯夫拉纤维,这种材料的重量是玻璃纤维的一半,而强度近玻璃纤维的两倍。

图 2-11 我国交通运输部救助局救助飞行队的 S-76 直升机在执行搜救任务

S-76 直升机最初的型号采用的动力装置为两台 650 轴马力的艾利逊 250-C303 涡轮轴发动机,单台功率 478 kW。后续的改进型号 S-76C+采用透博梅卡公司的 2 台阿赫耶 2S1 发动机,两台发动机可分开工作,从而增加航程,单台最大连续功率为 638 kW,应急功率 731 kW。而且根据其他衍生机型的不同,S-76 系列直升机选装的发动机还有透博梅卡 Arriel 1S 涡轴发动机(S-76A+)、透博梅卡 Arriel 1S1 涡轮轴发动机(S-76A++)、普惠 PT6B-36A 或 PT6B-36B 涡轮轴发动机(S-76B)、透博梅卡 Arriel 1S1 涡轴发动机(S-76C)、透博梅卡 2S2 发动机(S-76C++)。发动机油箱容量 1 064 L,可选装 405 L 的辅助油箱。其最新型号 S-76C++的基本参数和主要性能见表 2-8。

表 2-8 S-76C++直升机基本参数和性能指标

类 别	性能指标	基本参数
外形尺寸	旋翼直径/m	13.41
	机长/m	16
	机高/m	4.42
	座舱容积/m³	5.78
重量及载荷	空载重/kg	3012
	最大起飞重量/kg	5 307
	机组人员/人	2
	乘客数量/人	12

续 表

类 别	性能指标	基本参数
性 能	最大速度/k$(m \cdot h^{-1})$	287
	最大航程/km	762
	最高升限/m	4575
	最大爬升率/$(m \cdot s^{-1})$	8.37

S－76直升机的目标市场最初是不包括空中救护的,但是S－76直升机因为具备较高的前飞速度、较大的航程以及可以容纳两名病人的机载空间,这在当时的空中救护领域可谓是极具竞争力的,所以很快空中救护就成为S－76型直升机的任务市场之一。尤其值得一提的是,S－76型直升机的技术基础是西科斯基公司在1972年为美国陆军打造的大名鼎鼎的黑鹰直升机(军方代号UH－60),其在战场搜救领域也有着异常出色的表现。

六、UH－60Q 直升机

UH－60直升机是由美国西科斯基公司在20世纪70年代根据美国陆军的需求研制的一款通用直升机,绰号"黑鹰"。由于其完美的通用性和优秀的战场生存能力,成为继UH－1"休伊"系列直升机之后,世界上生产数量最多的直升机之一,据不完全统计,UH－60以其改型至今共生产了4 500多架。UH－60直升机的首批订单型号为UH－60A,根据不同的使用环境和需求,UH－60直升机衍生出了很多型号和版本。值得注意的是,在2002年,美军将80余架UH－60A直升机改装成UH－60Q(见图2－12)专用医疗后送直升机,取代那些临时改装的UH－60A/L直升机,使之成为一款专业的战场搜救直升机。实际上,在民用搜救领域表现出色的S－76直升机就是UH－60直升机的民用版本,虽然UH－60和S－76直升机在设计之初都不是针对航空搜救需求研制,但却都成为了该领域的翘楚。

图 2－12　美军装备的 UH－60Q 战场搜救直升机

UH－60Q直升机是四旋翼结构的旋翼系统,桨叶设计没有寿命限制,可承受23 mm机炮的打击,旋翼和尾桨都配有电加温防冰覆盖层,尾桨也是四片结构,采用炭纤维复合材料制成。机身为扁平结构,为普通的半硬壳式轻合金抗毁结构,这种结构可显著提升事故后的机组人员生存概率。UH-60Q直升机的动力装置是两台通用电气公司的T700-GE-700涡轴发动机,单台功率1165 kW。UH-60Q具有后三点式固定起落架,配备了重型减震器可承受粗暴着陆,此外机身下部还可加装滑橇以便在雪地或沼泽起降。座舱后部有2个容量为1 360 L的油箱,油箱是耐坠毁结构,并在关键部位加强了结构强度,必要时还可在机内、机外加装辅助油箱。UH-60Q直升机还在机鼻安装了前视红外转塔,可在夜间/恶劣天气飞行,此外还安装了新型内置救援绞车,比UH-60A/L安装的外摆式绞车的举重能力提高了很多。与安装医疗后送旋转套件的UH-60A/L直升机一样,UH-60Q直升机也布置有担架和医务兵,但布局更为优化,可容纳更多的医疗急救设备。UH-60Q直升机极大地增强了伤病人员的途中护理能力,具有6名伤病员的救护系统,配置有机载氧气生成系统和电动吸引器等机载医疗设施。其基本参数和主要性能见表2-9。

表2-9 UH-60Q直升机基本参数和性能指标

类 别	性能指标	基本参数
外形尺寸	旋翼直径/m	16.36
	机长/m	19.76
	机高/m	4.05
	座舱容积/m³	11.6
重量及载荷	空载重/kg	5 118
	最大起飞重量/kg	9 980
	机组人员/人	2~3
	乘客数量/人	12
性 能	最大速度/(km·h⁻¹)	359
	最大航程/km	2 220
	最高升限/m	5 790
	最大爬升率/(m·s⁻¹)	4.5

除美国之外,还有20多个国家和地区购买了UH-60直升机,这些出口型号一般都称作S-70直升机。20世纪80年代,中美两国在"蜜月期"期间,在军事领域进行了多项合作,UH-60"黑鹰"直升机就是其中之一,一度解决了我国长期缺乏高原直升机的尴尬问题,并且在数次抢险救灾中发挥了重要作用,但只进口了24架。由于无法得到更多的S-70"黑鹰",我国只能转向购买俄罗斯的Mi-17(米-17)直升机,逐步缓解了高原地区直升机的需求问题。

第三节 重型搜救直升机

重型搜救直升机的最大起飞重量一般都在8 t以上,通常可以营救15人以上,飞行半径一般大于370 km。典型的重型搜救直升机有AS332,CH-53,Ka-32,Mi-17,S-92等。相对轻中型搜救直升机,重型直升机还可以拥有强大的防护能力,携带一定数量的武器装备和武装人员。因此,在具有较高搜救能力、防护能力的同时还具有一定余量的空间和运力,因此一般用于需要一定防护和打击能力的战场搜救或大量人员伤亡时的事故灾害救援,在平时使用频率没有轻中型搜救直升机高,而且为提高使用效率,多数都是通用型直升机,可执行多种任务。

一、AS‐332/AS‐532/EC‐225 直升机

1. AS‐332 直升机

AS‐332 直升机,是法国航宇直升机公司在 SA‐330 直升机的基础上改进设计的一种新的机型,代号"超美洲豹",主要是瞄准 7～8 t 的军用和民用市场需求。改型工作始于 1974 年,相对于 AS‐330 直升机,机体部分加长了机头部分、增大了纵向和横向的轮距、采用效率更高的新型翼型、增加尾鳍。1978 年首飞,1981 年取得法国民航总局的适航证。AS‐332 直升机的动力装置是两台透博梅卡公司的马基拉‐1A 涡轮轴发动机,单台功率为 1 357 kW。机身采用通常的全金属半硬壳式结构,具有一定的抗坠毁能力。积木式主减速器位于座舱顶部。采用全铰接式旋翼有四片桨叶。AS‐332/AS‐532MKⅡ/EC‐225 基本参数和主要性能见表 2‐12。

表 2‐10 AS‐332/AS‐532MKⅡ/EC‐225 直升机基本参数和性能指标

类 别	性能指标	AS‐332 基本参数	AS‐532MKⅡ 基本参数	EC‐225 基本参数
外形尺寸	旋翼直径/m	16.2	16.2	16.2
	尾桨直径/m	2.61	3.15	2.65
	机长/m	16.79	19.5	19.5
	机高/m	4.97	4.97	4.97
	座舱面积(容积)/m³	18.32	20	20
重量及载荷	空载重/kg	4 686	5 012	5 265
	最大起飞重量/kg	9 300	11 200	11 200
	机组人员/人	2	2	2
	乘客数量/人	20	29	24
性 能	最大速度/(km·h⁻¹)	315	315	324
	最大航程/km	851	796	820
	最高升限/m	5 180	4 100	5 900
	最大爬升率/(m·s⁻¹)	6.7	6.4	8.7

AS‐332 直升机有 5 种衍生型号。AS‐332B 直升机是标准机身的军用型,可载 20 名全副武装士兵。AS‐332C 直升机是标准机身的民用型,可载 17 名旅客。AS‐332F 海军型直升机的旋翼和尾梁可折叠,装有甲板降落装置并采取防腐措施,适于搜索和救援、反潜和攻击水面舰艇。AS‐332L 直升机(见图 2‐13),AS‐332M 直升机分别是 AS‐332C、AS‐332B 直升机的加长型,座舱增长 0.76 m,增加 4 个座椅和两个舷窗、增

大了燃油量。AS-332直升机及其加长版的军用型和民用型,除机身长度和选装设备不同外,无实质性区别。

图2-13 香港飞行服务队的AS-332民用型直升机

2.AS-532直升机

1990年,AS-332直升机的军用型AS-332B被重新命名为AS-532"美洲狮",如图2-14所示。AS-532"美洲狮"有多种改型,其中AS-532MKⅡ改型主要用于战斗运输、搜索救援和医疗救护等任务。旋翼系统主旋翼和尾桨都是四片桨叶,采用球柔性桨毂结构。主旋翼带有弹性轴承和凯夫拉限动块,大梁采用复合材料制成,翼尖为抛物线型。相比前期机型,MKⅡ改型使用了更多的复合材料结构,加强了机身框架,使机身的抗坠毁强度保持了一致,加大了复合材料翼梢浮筒,可加装携带辅助燃油箱、救援设备和空调系统等。

图2-14 瑞士空军的AS-532搜救直升机

AS-532MKⅡ改型的动力装置为透博梅卡公司的"马基拉"1A2涡轴发动机,单台功率为1 236 kW,应急功率1 573 kW。机内油箱总量为2 020 L,辅助燃油箱为货物吊钩上的1个油箱、2个翼稍浮筒油箱、5个座舱转场油箱,容量分别为324 L、325 L、475 L。救援型可搭载11副担架、4个伤员座位和1名医护人员,拥有较高的战场救援能力。其基本参数和主要性能见表2—11。

3.EC-225 直升机

EC-225 直升机(见图 2-15)是在 AS332L2 型号基础上的改进型,EC-225 直升机采用了 5 桨叶旋翼结构和全铰接式钛合金桨毂,还采用了全新的增强型旋翼减速箱。旋翼使用了新翼型,可以明显降低旋翼产生的振动,而且比同等大小的传统桨叶效率提高了近 30%。机体方面,采用了全玻璃座舱,座舱也相对宽敞,着陆装置为可收放式前三点起落架。EC-225 直升机目前具有 4 种布局配置。标准乘客运输型可载 19 名乘客;紧凑型布局可容纳多达 24 名乘客;要员运输型布置了空间很大的贵宾休息间并安排了 8 名乘客和 1 名空中乘务员的座椅;应急医疗服务布局可装载 6 副担架和 4 名医务人员座椅以及机载医疗单元;搜救(SAR)型带有 1 名搜救操作员以及相应搜寻和救援设备,此外还有 1 名吊车操作员、8 个被救援者座椅和 3 副担架。

图 2-15　我国交通运输部救助局救助飞行队的 E-225 搜救型直升机

EC-225 直升机使用 2 台透博梅卡公司马基拉 2A1 涡轴发动机,单台功率 1 410 kW,最大功率 1 776 kW,该发动机具有双通道全权数字式发动机控制系统和防冰系统,能够在极地寒冷的气象条件下飞行。油箱容量为 2 588 L,机内还可加装辅助油箱,最大可携带燃油 4 040 L。其基本参数和主要性能见表 2-10。

后来在 20 世纪 90 年代中期,法国军方发起了一项名为"战斗搜索和救援任务"的直升机采购计划,目的是发展具有未来作战能力的直升机。于是欧直公司又在 EC-225 直升机基础上研发了 EC-725"超美洲狮"直升机,该机在 2000 年进行了首飞。EC-725 直升机机长 19.5 m,机高 4.6 m,最大有效载荷 1 120 kg,最大速度可达每小时 324 km,最大航程为 857 km。在外形上,它使用的是 5 桨叶主旋翼发动机,同时配置新型的导航系统和显示系统。它主要用于战术的运输,以及战场上的搜救等任务。EC-725"超美洲狮"安装了两台马基拉-1A2 涡轴发动机,动力充沛,在机身后部的外壁上可挂一个装载800 kg 燃油的副油箱,使其最大燃油携带量增加到 3 t,大大增加了超美洲狮的航程和续航时间。该机自重达到了 11 t,但具有很强的机动性,最大速度和巡航速度分别为324 km · h^{-1}、285 km · h^{-1},爬升率 7.4 m · s^{-1}。EC-725"超美洲狮"装备了自动驾驶,可以直接设置悬停位置的数据,十分方便地进入并保持悬停位置维持机身稳定,不受气流突变和地效影响,稳定性大幅提高。在执行战斗搜救任务时,超美洲狮安装的多频率导引系统会检测无线电波发射求救信号,并将信号源一直标注在显示器的地图上,位于机头下方的前视红外转塔则可以迅速锁定待救援目标的图像,提高营救效率。

二、CH-53K/Mi-26直升机

1.CH-53直升机

CH-53直升机是美海军直升机部队的重要组成部分,主要承担的是两栖运输任务,而由于其优秀的防护能力和运载能力,也经常被用于实施战斗搜救行动。从1967年正式服役以后,CH-53A直升机就用于越南战争,主要用于运输和搜救,在越战期间总共约有4 170名美军人员人被CH-53A直升机救回。在海湾战争期间,CH-53系列直升机的改进型MH-53J直升机执行了多种任务,也是最早进入伊拉克领空的盟军作战型号之一。作为特种作战的辅助力量,MH-53J直升机为盟军的各国地面部队执行了大量搜索、救援任务,是"沙漠风暴"中第一种成功完成救援被击落飞行员任务的机种。战后MH-53J直升机还参与了救援库尔德人的人道救援行动、巴拿马危机救援行动和前南地区救援行动等。其最新型号是CH-53K,与之前相比,这款机型可以在高海拔地区更加迅速有效地将部队和装备从军舰运输到海岸,局部空中加油能力,如图2-16所示。

图2-16 正在进行空中加油的CH-53K直升机

CH-53K直升机旋翼系统采用的是7片桨叶的主旋翼结构,尾桨为四片桨叶,换装了复合材料的桨叶采用第四代下反角桨尖。动力装置方面换装了3台通用电气的T408型涡轴发动机和传动系统,每台都可以提供5 516 kW的功率,凭借这3台性能优异的发动机,尽管保留了与CH-53E直升机相同的尺寸,CH-53K直升机的最大起飞重量,比CH-53E型直升机提升了20%,而在高温和高热环境下,CH-53K的有效负荷则要比CH-53E直升机高出3倍之多,而且为充分应用3台发动机的功率,设计了全新的扭矩分离传动系统。CH-53K直升机采用了先进的复合材料和优化结构,所有壳体和桁架都采用碳纤维复合材料,有效减轻了结构重量。齿轮箱下部的机身采用了钛合金框架,可以直接吊运各种有效载荷。与原来只能吊运单个载荷不同,CH-53K直升机在机身下设置了3个吊挂位置,可以在一次飞行任务中实现在不同地点投放3种载荷。

CH-53K直升机内部机舱宽度增加了30.56 cm,达到2.74 m,高度略微增加到1.98 m,使得内部空间更大。其基本参数和主要性能见表2-11。

表2-11 CH-53/Mi-26直升机基本参数和性能指标

类 别	性能指标	CH-53基本参数	Mi-26基本参数
外形尺寸	旋翼直径/m	24	32
	尾桨直径/m	6.1	7.61
	机长/m	30.2	40.025
	机高/m	5.3	8.145
	座舱面积(容积)/m³	47	121
重量及载荷	空载重/kg	15070	28 200
	最大起飞重量/kg	38 400	56 000
	机组人员/人	4	5
	乘客数量/人	30	80
性 能	最大速度/(km·h⁻¹)	315	295
	最大航程(带4个副油箱)/km	841	1 920
	最高升限/m	4 380	4 600
	最大爬升率/(m·s⁻¹)	13	—

除了拥有更大的功率和空间外,CH-53K直升机在操控性方面也做出了革命性的变革,配套了全权限电传操纵飞行控制系统,集成了主动感应器和触觉提示系统,使得CH-53K能在大多数飞行状况下实现全自主/半自主的飞行模式,这使得飞行员能够在操纵直升机的同时保持其视线聚焦在驾驶窗外,从而在减轻其驾驶负担的同时提升其任务/作业效率。值得一提的是在作为搜救直升机使用时,该机内部可安装24副担架,实施大规模的伤员搜索和转运,美国还计划生产该机型的民用版本,应对山火、泥石流、台风等突发性自然灾害,进行紧急救援行动。

2.Mi-26直升机

汶川抗震救灾期间,唐家山堰塞湖水位告急,下游人民群众的生命财产受到巨大威胁,如不及时处置后果相当严重,但由于地震对地面道路破坏非常严重,参与救援的大型设备很难到达救灾现场,只有直升机可以实施装备人员的转运。当时我国只有近400架直升机,其中近一半是轻型直升机,其他直升机包括直-8、Mi-17,S-70(出口版"黑鹰")等都无法吊运重达十几吨的各类工程机械。幸运的是,地震前哈尔滨飞龙专业航空公司租用了Mi-26(米-26)直升机(见图2-17),中国民航总局迅速将其调至震区参与救灾,同时再从俄罗斯临时租用一架,将推土机、挖掘机、铲车等60余台大型设备都吊运到大坝上,吊运总重达800余吨,为地震抢险的顺利进行起到了非常关键的作用,而且Mi-26直升机仅飞行2架次就将一个村的近230名村民疏散到安全地带。看到Mi-26直升机出色的运载能力,我国后期又采购了3架Mi-26直升机,目前我国总共拥有4架米-26重型直升机,基本满足了抢险救灾的需求。

图 2-17 Mi-26 直升机吊运大型机械设备

Mi-26 直升机为传统的铰接旋翼，桨毂是钛合金制成的，旋翼由 8 片等弦长桨叶组成，是世界采用桨叶片数最多的单旋翼。每片桨叶由一根管状钢质桨叶大梁和 26 个玻璃钢翼型段件组成，段件内部用翼肋和加强构件加固，中间填以蜂窝填料，前缘有不可拆卸的钛合金防蚀条。尾桨由 5 片玻璃钢制桨叶组成，位于尾梁右侧，钛合金尾桨毂。为适应高寒地区使用，旋翼和尾桨桨叶均装有电加热防冰装置。动力装置为两台 7 460 kW D-136 涡轮轴发动机，飞机装备了保持旋翼转速的恒定系统，当一台发动机出现故障时，另一台则会输出更大的功率，以保持飞机仍可正常飞行。机内共装有 10 个油箱，最大载油量为 1.2×10^4 L，还可外挂 4 个副油箱。其基本参数和主要性能见表 2-11。

Mi-26 直升机机身为全金属铆接，后舱门备有折叠装卸跳板。机身下部为不可收放前三点起落架，每个起落架有两个轮胎，前轮可操纵转向，主起落架的高度还可作液压调节。Mi-26 直升机货舱空间巨大，可装运两辆步兵装甲车和 20 t 的标准集装箱，如用于人员运输可容纳 80 名全副武装的士兵或 60 张担架床及 4~5 名医护人员。货舱顶部装有导轨并配有两个电动绞车，起吊质量为 5 t。Mi-26 直升机飞行设备齐全，能满足全天候飞行需要，例如：气象雷达、多普勒系统、地图显示器、水平位置指示器、自动悬停系统及通信导航系统等。它的机载闭路电视摄像仪可对货物装卸和飞行中的货物姿态进行监控。其最新改进型号 Mi-26 T2V，2018 年 8 月进行了首飞，后期还将继续服役，今后一段时间内还将是世界第一大和第一重直升机，但在搜救领域，由于其飞行开销巨大，主要功能并不是人员的搜救，而是大型装备的吊运。

三、Ka-32 直升机

Ka-32 直升机是俄罗斯卡莫夫设计局设计的一型经典的多用途直升机，西方称其为"蜗牛 C"。其原始平台是俄罗斯卡莫夫设计局研制 Ka-25 直升机，主要任务为探测敌方的核潜艇，西方国家称其为"激素"，服役时间长达 30 年，后来全新设计的 Ka-27 直升机服役后，Ka-25 直升机逐步被取代。Ka-32 直升机则是俄罗斯在 Ka-27 直升机的基础上改造的民用型直升机型号，第一架 Ka-32 直升机于 1980 年初试飞，1981 年末在明斯克展出，于 1998 年在加拿大按 FAR-29 标准进行了认证，2006 年 12 月取得补充适航证，至今仍在生产。

如图 2-18 所示,Ka-32 直升机最明显的外形特点就是拥有共轴的两幅旋翼、无尾桨,两副旋翼各有三片桨叶,为全铰接式的结构,进行反向的运动。桨叶由复合材料制成,是非对称的形状,下方的桨叶装有减震装置,可以进行人工折叠,桨叶上还配备了防冰的装置,可以在寒冷地带防止桨叶结冰,我国曾用其进行南极科考。桨毂采用钛合金钢制成,尾梁是金属半硬壳式的结构,尾翼则拥有铝合金和复合材料的蒙皮。

图 2-18　俄罗斯 Ka-32 直升机

Ka-32 直升机的起落架是不可收放的四点式,前起落架的轮子可以进行转动。驾驶员的座位是并排的结构,左右方分别为驾驶员位置和领航员位置。两侧拥有舱门,可以进行抛放,当遇到危险等紧急情况时,可以从此处逃生。机舱右侧还有观察员、操作员的位置,他们可以进行环境的观察、货物绞车的操作。座舱和驾驶舱由一条通道相连,座舱内拥有通风设施和加热设备,还配有 16 个座椅供乘客乘坐。座舱内还配置了厨房和厕所,十分舒适方便。动力方面,Ka-32 直升机拥有两台 TV3-117V 涡轮轴发动机,单台功率为 1 660 kW,配置了自动同步系统和除冰装置,可以保障发动机的正常运行。发动机的整流罩可以作为一个维护平台,当维护人员需要进行工作的时候可以将整流罩进行翻转。其基本参数和主要性能如表 2-12 所示。

表 2-12　Ka-32 直升机基本参数和性能指标

类　别	性能指标	基本参数
外形尺寸	旋翼直径/m	15.9
	机长/m	12.22
	机高/m	5.45
重量及载荷	空载重/kg	7 200
	最大起飞重量/kg	12 700
	机组人员/人	2
	乘客数量/人	16
性　能	最大速度/(km·h^{-1})	260
	最大航程/km	800
	最高升限/m	5 000
	最大爬升率/(m·s^{-1})	15

　　Ka-32 直升机有多种改型,但各种改型的外观都很相似。Ka-32T 直升机是通用型直升机,用于人员运输、紧急医疗救护、抢险救援或飞行起重等任务,虽然它仅装备了最基本的航空电子设备,但在卡-32 系列中该型是生产数量最多的型号。Ka-32S 直升机安装了综合仪表飞行规则航空电子设备,适合在恶劣气象条件下飞行,可以搭载于破冰船、科考船上用于海上飞行作业,也可进行海上搜救作业、近海石油钻井平台的航空支持或执行其他任务。Ka-32K 直升机是起重直升机型号,机身底部设有一个可伸缩的吊舱,以供副驾驶员能在清晰观察机身下吊挂物品的同时操纵直升机。Ka-32A 直升机与Ka-32T 类似,也属通用型号,不同的是,Ka-32A 直升机于 1993 年 6 月获得了相当于FAR29 和 FAR33 适航条例的俄罗斯适航证,并且安装了更先进的航空电子设备。而且在 2020 年莫斯科举办国际直升机展上 Ka-32 直升机系列首席设计师沙米利·苏莱曼诺夫告诉媒体,此这款直升机正在进行进一步升级:一方面,所有航空电子设备都在更换,将引入一个全"玻璃"数字座舱,并为飞行员配备夜视镜,在搜救设备中安装光电系统;另一方面,将采用新的发动机,新机型在炎热气候下的承载能力将增至 1 600 kg,速度提升 80 km/h。

　　Ka-32 直升机之所以在历经如此多衍生型号后还能保持旺盛的生命力,主要源于其共轴双旋翼的设计,该设计抗风能力较强、具有良好的操控性和悬停稳定性,可抵御的最大风速达 20 kn(10 m/s),飞机上还配备了 GPS 定位仪和救生设备,在森林航空消防、城市消防、搜索救援、复杂高层建筑安装和海上作业等应用方面具有独特的优势。

四、Mi-17 直升机

　　Mi-17(米-17)直升机是俄罗斯米里设计局(现米里莫斯科直升机厂股份公司)在Mi-8(米-8)直升机基础上研制的双发单旋翼带尾桨大型多用途直升机,西方绰号"河马"。与基础型 Mi-8 相比,其外形改变并不大,如图 2-19 所示,仅仅是将桨位从右侧改到了左侧,Mi-17 直升机的发动机短舱较短,座舱前左侧舱门中点上方的进气口靠前了,重新设计了每侧喷管前的小喷嘴。但是换装了新型的发动机,与 Mi-8 直升机相比,性能有了很大的提高,由于安全性好、可靠性高、用途多样化,主要被用于运输投送、战斗搜救、森林防火等方面。

　　Mi-17 直升机的旋翼是 5 片桨叶结构(见图 2-19),是全铰接式旋翼系统,旋翼桨毂有液压减摆器,可以提高桨叶的稳定性。尾桨为 3 片结构,位于垂直安定面的左侧,为推进式尾桨。机身主要材料为铝合金、钛合金和高强度钢材,驾驶舱内有正、副驾驶员及一名随机机务人员座椅,机舱内沿侧壁布置有 24 副可折叠座椅,座舱底板有可供系货物的系环。机舱左前方有一可抛放的滑动舱门,舱内有较大空间可架设担架,机身两侧下部装有外挂燃油箱,机舱尾部有一副能左、右打开的应急舱门,应急舱门打开后,可推出两条踏板,可供车辆或大型物资进出。

图 2-19　俄罗斯 Mi-17 直升机

Mi-17 直升机的动力装置为两台 TV3-117MT 涡轮轴发动机,单台起飞功率为 1 454 kW。与 Mi-8 直升机相比,性能有了很大的提高。两台发动机的输出是同步的,可自动保持旋翼的转速。若一台发动机功率有损失,则另一台发动机输出增加,自动补偿。若一台发动机停止工作,另一台发动机功率输出增加到应急功率 1 640 kW,从而保持直升机继续飞行。主油箱在机身外部两侧,容量为 2 200 L,可加装两个辅助油箱,每个容量为 900 L。其基本参数和主要性能见表 2-13。

表 2-13　Mi-17 直升机基本参数和性能指标

类　别	性能指标	基本参数
外形尺寸	旋翼直径/m	21.29
	尾桨直径/m	3.91
	机长/m	25.33
	机高/m	4.76
	座舱容积/m³	23
重量及载荷	空载重/kg	7 100
	最大起飞重量/kg	13 000
	机组人员/人	3
	乘客数量/人	24
性　能	最大速度/(km·h⁻¹)	250
	最大航程(带副油箱)/km	495 (950)
	最高升限/m	5 000

Mi-17 有很多改型,在作为搜救飞机使用时,可以安装 12 副担架。而且还可以作为航空医院使用,其医疗改型 Mi-17-1VA,内部有 3 副担架,一个手术台,配备各种手术和医疗设备,有 1 名外科医生和 3 名护理人员的位置。该型装两台功率更大的 TV3-117VM 涡轴发动机,单台功率为 1 678 kW,爬升率和悬停升限有所提高,但重量和性能没有什么变化。

五、S‑92 直升机

20 世纪 90 年代初,由于苏联解体,美国西科斯基公司决定研发一种面向 21 世纪的军民通用型新型中型直升机。该计划正式于 1992 年立项,原计划为 S‑70 的发展型,命名为 S‑92。后来,西科斯基在该机型基础上又发展了军用版的 H‑92"超级鹰"直升机。S‑92 直升机该机采用了全新设计的传动系统可大大提高耐久性。其新型减速器大修间隔时间可达到 6 000 h,是该公司传统减速器大修间隔时间的 2 倍。新设计的带弹性轴承的合金桨毂,寿命可达到 5 000 飞行小时。因此,在商用市场 S‑92 直升机的价格和使用费用比同类直升机低,所以具有较强的竞争力。如图 2‑20 所示,S‑92 直升机的旋翼系统采用具有先进高速翼型的大弦长复合材料桨叶,4 片旋翼桨叶由石墨大梁、玻璃纤维蒙皮等组成,叉臂型旋翼桨毂,带有弹性轴承,桨毂寿命也得到大幅提高。而且旋翼桨叶和尾桨都可以选装防冰系统。

图 2‑20 爱尔兰 S‑92 型搜救直升机

S‑92 直升机机体广泛采用了复合材料,所采用的复合材料占机体重量的 40%,不仅减轻了重量,还提高了耐腐蚀性和抗破裂的能力。着陆装置为可收放前三点式起落架。S‑92 直升机使用两台通用电气公司的 CT7‑8 涡轮轴发动机,每台功率为 1 790 kW,30 s 应急功率为 1 864 kW,在一台发动机 30 min 不工作时为 1 790 kW。发动机装有全权数字电子控制系统。机身两侧有巨大的流线型浮筒式燃油箱舱,每个容量为 1 134 L,加上其内部还设有辅助燃油箱,最大载油量可达 4 640 L,必要时还可进行空中加油。其基本参数和主要性能如表 2‑14 所示。

表 2‑14 S‑92 直升机基本参数和性能指标

类 别	性能指标	基本参数
外形尺寸	旋翼直径/m	17.17
	尾桨直径/m	3.35
	机长/m	20.88
	机高/m	4.71
	座舱容积/m³	16.9

续 表

类 别	性能指标	基本参数
重量及载荷	空载重/kg	7 805
	最大起飞重量/kg	12 020
	机组人员/人	2
	乘客数量/人	19～22
性 能	最大速度/(km·h^{-1})	305
	最大航程/km	907
	最高升限/m	4 572

目前,约2/3的S-92直升机用于近海作业,另外40架主要用于搜救,兼顾海上运输。针对市场需求,西科斯基公司在2019年国际直升机博览会上宣布,正式启动S-92直升机的改进计划,这些改进将包括新的飞行控制技术、新的主变速箱、可改善高温和高空性能的可选发动机,以便于使其成为一种更适合于搜索与救援任务和近海作业的构型。

第三章　直升机搜救装设备

第一节　辅助搜救设备

(一)光电探测系统

光电探测系统是指装载于汽车、舰船、飞机等载体上，能对目标进行搜索、识别、定位、测量、瞄准、跟踪等功能的光电一体化系统。直升机要在空中完成对目标的探测和跟踪任务，需要一个机载平台和搭载一个在该平台上由探测设备组成的集成系统，在硬件表现形式上是悬挂在运动载体(如飞机、船舶)外的舱体有效载荷容器装置，称之为吊舱，如图3-1所示。直升机的光电吊舱基本组成分为吊挂球形转塔和机上控制处理系统。对完成搜索跟踪任务的机载吊舱来说，一般包括可见光/微光摄像机、红外热成像仪和激光测距仪等。

图3-1　AW-139直升机配置的FLIR光电吊舱

该系统最早是为应军事需求而产生的一种机载设备，主要是为了满足远距离、夜间或可视条件差的环境中对目标的搜索、探测和测量目的而研制的。后来在实际应用过程中发现，该系统能够显著提高复杂环境下的人装搜索效率，因此逐步成为了搜救直升机不可或缺的机载设备。作为搜救直升机的关键设备，在理想条件下，其光电探测系统的主要功能包括以下几种：①可进行昼夜搜索，具有可见光、红外摄像功能，支持背景与影像运动补偿，可进行高清拍照并存储；②可远距离发现地面动静态目标，支持目标锁定与跟踪，具备激光测距功能，可提供跟踪目标的准确位置坐标；③可实现地面多目标的识别、分类与跟踪，并根据目标特征具备预警告警功能，可拓展对空中目标侦测的能力；④

能够与直升机配备的 GPS 或 PGIS 系统融合,准确提供目标的动态地理信息,协助搜救指挥中心指挥调度;⑤可通过视距图像传输设备或卫星通讯设备,实时将图像和其他信息传输至地面数据处理中心,监控地面活动;⑥具有机上操作设备,人机界面友好,便于人员操作,完成相关任务;⑦适应机载安装环境,系统结构可靠、便于拆装,具备防尘、透雾、防水功能,支持图像抑制与优化,在高低温环境中可正常运转;⑧整个系统支持互联互通,可与搜救系统专网对接,并具备可拓展能力。

当前,我国航空搜救体系的发展还不够完善,机载光电系统和其他搜救指挥控制系统的互联互通还存在一定问题。目前多数情况下,搜救直升机配置的光电探测系统还仅局限于前视红外探测技术的应用,即通过利用红外成像技术探测被侦查环境的温度差,形成可视画面,快速定位遇险人员位置,从而在复杂地形和气象条件下提高人员搜救时的搜救效率,因此多数情况下在搜救直升机上光电探测吊舱也被称为前视红外探测吊舱。实际上随着技术的进步,现在多数的直升机吊舱已经集成多种光电探测手段,不仅仅只是红外探测手段了。

前期由于光电系统的的场太小,相对于广阔的搜救环境来讲,这种方式往往被比喻成"通过饮料管"观察环境,这对于远距离搜索来讲还能够忍受,但是当目标存在于广阔的复杂地域环境中,这种视场显然是没有办法满足这种观察需求的。后来多传感器集成式广域运动成像系统的出现很好地解决了这一问题,软件系统将多个传感器收集到的图像进行无缝融合,从而形成广域环境的运动成像,使得搜救效率大幅提高。目前美国、英国、加拿大、以色列、德国、意大利等国家,在机载光电探测系统方面都拥有多种完善的光电探测系统产品。其中,性能较为优异的代表主要有:美国菲力尔(Flir)公司、洛克希德·马丁(Lockheed Martin)公司、雷声(Raython)公司;加拿大的 L-3 Wescam 公司;以色列 Rafael(拉斐尔)公司、IAI 公司(以色列航空航天工业公司);德国 Carl Zeiss(蔡司)公司;意大利 Selex Calieo 公司;法国 Thales 公司。其开发的典型光电探测系统见表 3-1。

表 3-1　国外主要公司的典型光电系统

国 家	研发公司	典型型号	稳定精度/μrand	质量/kg
加拿大	L-3 Wescam	MX-20HD	4	84.1
		MX-15DI	6	46
		Model 11-SST	20	17.7
		Model 14	35	34
美国	FLIR	AN/AAQ-36	20	43
		Star SAFIRE Ⅲ	5	44
意大利	Selex Calieo	EOST-45/M	20	29
		EOST-23	5	84

续 表

国 家	研发公司	典型型号	稳定精度/μrand	质量/kg
以色列	Elbit	COMPASS Ⅵ	20	38
		Micro COMPASS	20	9.1
	Controp	ESP - 600C	10	12.3
		FSP - 1H	25	28
德国	Carl Zeiss	Argos 410 - M	20	56.5
美国/以色列	Northrop Grumman/IAI	Raven Eye Ⅱ	15	50

相对于国外的优秀光电探测系统,我国的自主光电探测系统在定位精度和稳定性等方面还存在较大差距,然而,经过多年的发展,尤其是伴随着我国红外、激光、电视技术的成熟,国内光电探测系统的研制也取得了长足进步,618 所、长春光学精密机械与物理研究所、西安应光所等单位都开展了相关的研制工作,有些产品已经相当成熟并得到了广泛的应用。当然,相对军用光电探测系统而言,用于搜救的光电系统的需求相对较低,多数使用警用光电探测系统即可满足相应需求。

搜救直升机的光电探测系统一般由副驾驶员或救生员负责操作,无论白天还是黑夜,操作人员都可以在监视器上看到清晰的图像。一般情况下,可在直升机 360°范围内实施搜索,可在 3 000 m 距离内发现遇险人员、在 7 000 m 范围内发现救生筏大小的目标。当目标处于水中,甚至当目标温度和水温差距只有 1℃时,操作人员都可以通过光电探测系统及时发现遇险目标。通常光电探测吊舱安装在直升机的机头下方,以便于其实时 360°搜索。

(二)自动驾驶仪

搜救直升机要完成搜索和救援任务,多数情况下都要在距离地面较近的位置机动,尤其是地面情况复杂时,一方面在搜索时需要更多的关注地面障碍物对飞机安全的影响,另一方面在救援时由于地面复杂不能机降,要在一定高度稳定悬停,为救生员实施吊救提供一个相对静止的地空态势。这时由于直升机旋翼的下洗气流和地效作用影响,直升机的稳定和控制就比较困难,飞行员还要在保持直升机姿态的同时兼顾地面情况的变化,根据当前环境和搜救进度及时做出决策,同时还要注意地面搜索、救生信号观察、通信联络、指挥协同、威胁分析等工作,飞行负担十分繁重,对于执行战场搜救任务的飞行员更是如此。一旦操作出现失误,会对整个机组和地面人员设施造成巨大威胁。而直升机自动驾驶设备则可以很大程度上缓解飞行员的操控压力,提高航空搜救行动的安全性和执行效率。

直升机的自动驾驶仪是一种直升机的辅助控制系统,可以有效减轻飞行人员的驾驶负担,使飞行员可以集中更多的精力去完成其他的工作,比如航空搜救行动的指挥、救生机组内部的通话、吊救活动的配合等等。与固定翼飞机相比,直升机有着更为复杂的气动特性,4 个控制通道(俯仰、横滚、航向和总距)间存在强轴间耦合,而且在贴地状态和悬停状态下,自动控制显得更为复杂。直升机自动驾驶机构的基本组成如图 3 - 2 所示,一般由给定元件、测量元件、放大元件、执行元件和反馈元件等部分组成,各组成部分的功用可描述如下。

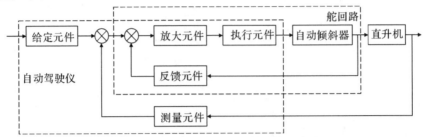

图 3-2　直升机自动驾驶机构结构示意图

(1)给定元件。也称为操纵元件,根据要求输出给定信号(也称操纵信号)。给定信号反映要求直升机保持的飞行状态。在实际的自动驾驶仪中,驾驶员一般利用操纵台或其他操纵装置输出给定信号。

(2)测量元件。用来测量直升机的运动状态参数,并输出相应的电信号。自动驾驶仪需要测量的直升机运动状态参数很多,如描述直升机角运动的俯仰角、倾斜角、偏航角、迎角、侧滑角以及它们的变化速度和加速度等。在测量以上参数的元件中,有些是和其他设备共用的。

(3)放大元件。用来对给定信号和各测量元件输出的信号及反馈信号进行综合、放大(包括电压放大和功率放大),以满足执行元件的要求。放大元件的类型较多,主要有电子管放大器、晶体管放大器、固体组件放大器、磁放大器及继电器等。

(4)执行元件。自动驾驶仪的执行元件就是舵机,用以驱动自动倾斜器偏转,以控制直升机的飞行状态。自动倾斜器在舵机带动下偏转的角度或角速度就是自动驾驶仪的输出量。舵机的类型有电动舵机、液压舵机和电动、液压复合舵机等。

(5)反馈元件。舵机驱动自动倾斜器偏转的同时,还带动反馈元件,使它输出相应的负反馈信号,并输送到放大元件的输入端,从而保证自动倾斜器的偏转角(或角速度)与偏差信号成正比,反馈元件一般有两种类型,一种是电位计或自整角机,另一种是测速电机。电位计或自整角机用来产生与自动倾斜器偏转角成正比的反馈(常称为位置反馈)信号。测速电机用来产生与自动倾斜器偏转角速度成正比的反馈(常称为速度反馈)信号。

由放大元件、执行元件、反馈元件构成的闭合回路叫做舵回路。舵回路本身是个小闭环系统。由测量元件、舵回路和直升机又组成一个大闭环系统。小闭环系统用以保证自动倾斜器偏转角(或角速度)与综合信号成正比例。大闭环系统用来控制直升机的飞行状态。其基本工作原理是采用按偏差调节的原理即通过测量元件随时测量直升机的飞行状态参数,并将测量信号与给定信号比较,得出偏差信号(即综合信号)。偏差信号通过舵回路控制自动倾斜器偏转,使直升机进入给定状态,从而达到减小或消除偏差的目的,在稳定飞行时,自动驾驶仪可以抵制各种干扰。

现役的搜救直升机基本都装备了自动驾驶仪,在搜救过程中应具备以下基本功能。

(1)可对遇险船只、飞机和人员的位置坐标进行自动标定,将位置坐标数据输入控制器后,可自动引导直升机完成一系列进近程序,并逐步悬停在最佳位置上,与遇险目标保持固定的距离和高度,以便于救生员开展吊救作业。

(2)在实施水上或海上救援时,自动驾驶仪可通过多普勒雷达测出遇险目标因风浪因素而发生的位置和高度变化,执行元件在收到这些外界反馈后可自动调整直升机位置和高度,使直升机和目标的相对位置和相对高度保持不变,避免吊救员在救援过程中由于和遇险目标相对位置的突变而发生碰撞,影响其人身安全。

(3)在执行飞行计划时,该系统还可以预先设定飞行路线,并按照预定轨迹自动飞行,大幅减轻飞行员的操作负担,也便于在接近目标过程中飞行员更多的观察周边环境、搜索遇险人员、制定救援计划等。

(三)机内通话系统

早期搜救直升机在执行搜救任务时,机组人员直接是没有专用的通信系统的。在实施吊救任务时,吊救员在下放、救援、提升过程中需要用手势和机上的绞车手进行交互,表达吊救过程中放钢索、收钢索、停止收放钢索、飞机移动方向等需求,而后绞车手操作绞车或和飞行员沟通指挥飞机移动,进而完成整个协同过程,如图3-3所示。这种仅仅依托手势交流的方式存在以下缺陷:①表达内容受限。只有几个简单的手势,在需要更多的沟通时无法准确表达需求,比如在表达飞机移动方向时,无法准确给出具体移动多少距离的指示;②表达过程受限。吊救员进行救援操作时,经常会占用双手进行包扎、固定、连接、调整等活动,尤其在保护或固定被救人员时往往很难给出手势;③交流效率受限。绞车手在吊救过程中作为机组的指挥员,注意力分配要比平时更为分散,需要关注飞机、地面、机组、威胁等多方面的情况,吊救员在给出手势时不一定能及时引起绞车的注意,而且吊救员通过绞车手指挥飞机也有一定的延迟和尺度的误差。而吊救活动的关键环节一旦遗漏手势或延迟反应可能会对吊救员、伤病员、机组和地面人员造成巨大威胁。

图3-3 吊救过程中吊救员用手势指挥飞机移动

为进一步提高吊救效率和确保吊救安全,机组人员逐步开始使用救援通信设备。开始时使用的是特高频无线收发装置,通过开放频道实现机组人员之间的通话,基本决绝了机组之间的配合需求,提高了机组配合效率。但是还无法实现现场救援平台之间的沟通和协调,为进一步增强搜救平台的感知能力,提升搜救平台间的协同效率,为现场指挥员建立有效的指挥手段。新的专用通信系统逐步实现了多平台、无中转的保密通话,使得指挥员、机组能够更快地掌握地空环境、飞行平台、协同力量、被救人员和遇险平台的情况,保障了现场通信畅通,提高了现场搜救效率。

(四)机载广播系统

机载广播系统主要用于搜救过程中对搜救目标进行广播指挥或语音警告,当搜救人员众多或者单独联络不便时使用更为有效。航空搜救手段在国内外虽然发展程度不同,但是相对地面救援还是相对不够普遍,民众认识也不是很全面,因此在遇到航空搜救时多数情况下是不知道如何有效配合的,为在短时间内让地面人员配合实施搜救,航空广播是最有效的手段,缺点是只能由机组向搜救对象进行单向通信。

机载广播系统通常安装在机身侧部或下部,也可预埋入机身内部,一般由副驾驶或者救生员操作,主要包括大功率扬声器、控制盒、音频功率放大器、话筒等部件,可进行录音播放、语音广播、鸣放警报等,能有效克服旋翼与周边噪声,穿透能力较强。目前使用较为普遍的机载广播系统是美国 Power Sonix 公司生产的 PSAIR 系列,其主要技术指标见表 3-2。

表 3-2 PSAIR 系列机载广播系统主要技术指标

技术指标	型 号		
	PSAIR 12	PSAIR 22	PSAIR 32
70 dB 距离/km	1.2	1.4	1.6
1 m 声压级/dB	145	148	149.5
扬声器数量/个	1	2	3
输出功率/W	300	600	900
重量/kg	6.4	11.6	16
工作温度/℃	$-40\sim+140$		
阻抗/Ω	150		
响应频率/Hz	$400\sim4\,500$		
失真度/%	1		
电压范围/V DC	$24\sim32$		
峰值电流/A	35		

机载广播系统虽然技术简单,功能单一,但在重大事故灾害时效果明显,在 2009 年澳大利亚森林大火和 2008 年汶川地震期间都发挥了重要作用。

(五)地形跟随/回避系统

地形跟随/回避系统(Terrain Following/Terrain Avoidance,TF/TA)最初是伴随着军事应用的地空突防需求产生的,是指飞行器利用地球曲率和地形起伏造成的低空雷达盲区以及地杂波对雷达的干扰作用作为掩护,快速地进入敌区进行突然袭击的一种战术手段。但是单纯依靠飞行人员的驾驶技能实现突防,一方面需要飞行员具有高超的飞机操纵技能,另一方面要求飞行员高度熟悉突防航路上的地形,因为飞行器在地空条件下高速飞行时,如果对地形不熟悉或操纵稍有不慎就有可能机毁人亡,而实际上历史上也有很多搜救直升机在搜索过程中撞地、撞山、撞障碍物造成事故的情况。

搜救直升机进行精确定位搜索时,往往需要在低空状态下搜索尽量大的区域,速度太慢肯定会影响搜救效率,而速度太快又会对机组造成严重安全威胁,这时地形跟随/回避系统就有效地满足了搜救直升机高速地空搜索条件下的安全需求,因此绝大多数搜救直升机都会配置相关系统。除了地形跟随、地形回避技术外,地形匹配(Terrain Matching,TM)、障碍回避(Obstacle Clearance,OC)等技术也可以实现防撞功能。

不论是 TF、TA、TM、OC 或其综合系统,其组成都相似,一般由提供信息模块、信息处理和指令推算模块、指令执行模块和人机接口模块四部分组成。提供信息模块一般是由前视雷达、无线电高度表、地形储存器、大气数据计算机、惯性导航等设备构成,信息处理和指令推算模块由 TF/TA/TM/OC 计算机构成,指令执行模块是指直升机的飞行控制系统,人机接口模块是直升机的显示和操控系统。图 3-4 为 TF 系统的功能框图。

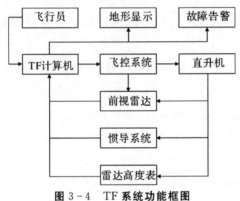

图 3-4 TF 系统功能框图

系统工作过程为:前视雷达不停地自上而下扫描,逐点测定前方地形地视角和斜距,送入计算机,无线电高度表送入离地面高度和其速率,其他敏感部件送入空速、攻角、飞机的姿态角、航向角、爬高角和飞机位置,地形储存器送入三自由度地形数据。计算机根据这些数据按控制理论算出符合飞行任务和飞行性能以及飞机品质要求的指令给飞控系统,操纵飞机舵面和发动机油门,实施对飞机的航迹控制。飞行员处于监控地位,一般不介入。

第二节 机载搜救设备

(一)机载救援绞车

绞车是搜救直升机的标志性设备之一,如图 3-5 所示,只有配备电动绞车的直升机才具备复杂地形条件下的人员救助能力。直升机的机载救援绞车一般是以液压或电源为动力,通过收放钢索或缆绳进行人员(物资)的提升或下放的一种机载设备。救援绞车自 20 世纪 40 年代装配到直升机上,至今已有近 80 年的发展。目前已经广泛地应用于军事、医疗、警务、海事、石油等多种和应急救援的直升机平台,而是否装配救援绞车已经成为直升机救援能力的重要体现。美国为扩大航空搜救后备力量,要求除专用的武装直升机以外,其他所有的直升机都必须加装绞车,以具备紧急条件下的应急救生能力,以备在应对各类灾害时所有直升机资源都可以快速转换为专用的航空搜救平台。

图 3-5 直升机机载救援绞车

救援绞车之所以如此重要,主要是由于其能够在应急救援行动中起到以下重要作用。

(1)当地面情况复杂,无法实施机降救援时,可以使直升机在被救目标上空进入悬停之后,在绞车手和吊救员的配合下将地面的遇险人员或伤员提升到直升机机舱内部。

(2)在救援时间紧、地面无法降落时,可在直升机悬停状态下,将加油管提升至空中实施空中加油,可在降低加油场地配置需求的前提下提高重新出动效率。

(3)便于机内人员利用缆绳、钢索等实施索降,使救援人员能够快速到达地面实施救援,提高人员出动效率和降低直升机平台悬停等待时间。

(4)根据不同的绞车、直升机性能,提升或运输不同重量的货物。

(5)当人员需要高空作业无依托时,可利用绞车下放人员到作业高度实施高空作业。

以上就是救援绞车的主要用途,当然在不同的救援领域救援绞车还有很多其他用途,但需要和具体场景、专业人员和专用装备相结合。而且随着直升机技术发展和应急救援领域需求的拓展,电动绞车技术也在不断地完善,并在越来越多的领域里发挥着不可替代的作用。绞车主要由卷筒、绞车架、压绳器、行星齿轮箱和钢索等部件构成,承重范围一般在 120~500 kg,吊救速度为 1~3 m/s,钢索长度在 50~100 m,在提升和下放过程中,可由操作手柄进行暂停、换向等操作,还有自动刹车装置用于防止钢索打滑突然下放。到目前为止,按照技术、动力、用途等标准的不同,绞车的分类如下。

(1)按照动力种类可分为液压驱动绞车、电动(直流/交流)绞车。

(2)按照安装部位可分为舱外安装绞车和舱内安装绞车。

(3)按照绞车用途可分为救生绞车、货物绞车和声呐绞车。

(4)按照绞车钢索的控制速度可分为恒速绞车和变速绞车。

(5)按照绞车的额定载荷可分为 136 kg(300 lb①)绞车、204 kg(450 lb)绞车、227 kg(500 lb)绞车、272 kg(600 lb)绞车等。

(6)按照绞车钢索的有效长度可分为 45 m 绞车、50 m 绞车、60 m 绞车、76 m 绞车、90 m 绞车等。

(7)按照绞车挂钩数量可分为单吊绞车和双吊绞车。

(8)按照技术等级可分为Ⅰ类绞车和Ⅱ类绞车。

液压绞车是通过直升机的液压系统实现驱动,绞车的转速通过控制一个两级的齿轮实现。转轴速度过大时,自动转轴刹车控制转速。由导线器实现绞车钢索的排线缠绕,当绞车没有载荷承重时,补偿器使钢索正常缠绕。当距离钢索尽头一段距离时,上限控制逻辑开始工作,通过微动电门切断液压,绞车手也可以通过操作手柄实现。在挂钩恢复原位时,上限控制开关工作,切断绞车工作。在距离下钢索头一段距离时,下限控制逻辑工作,切断液压,终止绞车工作。此外绞车还有应急切断机构,绞车钢索一旦和地面或水面物体发生缠绕,并严重影响机组安全时,由机长下达切断钢索指令,由绞车手或机长手动或自动切断钢索。和液压绞车原理相似,每个电动绞车都由驱动系统、钢索缠绕系统、电器控制系统和吊钩等部件构成。驱动系统包括电机、减速机构等部件;钢索缠绕机构包括钢索、鼓轮等部件;电气控制系统包括操作手柄、控制盒、行程控制开关等部件。下述以Ⅰ、Ⅱ类绞车以及机舱内部绞车为例,对电动绞车的结构进行简要介绍。

Ⅰ类绞车的典型特点是电机、减速系统、行程控制部件等均安装在一个整流罩内,鼓轮除转动外还要进行轴向往复运动,因此绞车钢索仅进行上下运动,整个系统的迎风面积较小,对飞机气动性能不产生较大影响。

Ⅱ类绞车的典型特点则是部件外露,在直升机上安装时一般需要整流罩。鼓轮只能进行旋转运动,钢索保持架延导向轴运动,即钢索除了要进行上下运动外,还需要沿着导向轴横向往复运动。

机舱内部绞车安装在直升机机舱内的地板上,使用时使吊臂转出舱外,锁定后进行吊救作业,这种绞车在使用和拆装时相对繁琐,而且会占有较大的机舱空间,但是优点在于不会影响直升机的气动性,比较适合空间较大的中型以上专业搜救直升机使用。

当前,世界上的绞车生产厂家主要是 Goodrich 公司和 Breeze Eastern 公司,俄罗斯也有个别厂家从事绞车的制作工作,但适用范围并不广,国内厂商从本世纪初开始仿制生产自主知识产权的机载绞车,但距离美国厂家的绞车性能还有一定差距,因此我国直升机目前更多的使用美国产绞车,我国直升机载绞车的使用情况见表 3-3。

近年来,由于 Goodrich 公司不断对轿车技术进行技术更新,逐步占据了绞车国际市场的优势地位。国内应用型号也以 Goodrich 公司的绞车居多,Ⅰ类绞车型号一般以 4 开

---

① 1 lb=0.453 592 37 kg。

头,例如 44301,44316,42325,44311,主要应用于 AC312,AC313,H135,H145,AW109,AW139,H175,H225,S76,S92,Bell412 等机型;Ⅱ类绞车一般以 7 开头,例如 76378,76368,76370,主要应用在 H225,AS350,H155 等机型。

表 3-3　我国直升机机载绞车使用情况统计表

序号	生产商	绞车型号	驱动方式	有效载荷/kg
1	Goodrich	44301-1-7	电动	272
2		44301-1-8	电动	227
3		76368-500	液压	272
4		76368-260-D	电动	272
5		76370-140-D	电动	136
6	Breeze	HS20200	电动	272
7		HS19700	电动	204

由于液压绞车拆装不便、调速困难和液压油渗漏等原因逐步被市场所淘汰,而电动绞车凭借着拆装便捷、性能可靠和重量较轻等优点,逐步成为直升机绞车发展的主要趋势。除此之外电动绞车由于采用全封闭式结构,具有较高的性价比、较长的寿命时间、较长的维护间隔时间,从而降低了用户的使用成本以及维护成本,为用户节约了费用并减少了维护工作。目前世界上较为先进的电动绞车普遍采用了无刷电机、不锈钢防扭钢索、钢索导向系统、抗电磁干扰、大的钢索倾角等新技术。用户可根据本身直升机的供电方式选用直流或交流驱动的绞车,同时根据直升机有效载荷情况选用单绞车或双绞车的安装方式,以满足自身的使用要求。

(二)机载强光搜索灯

搜救直升机在夜间执行搜救任务时,除了机载的光电探测系统外,机载强光搜索灯经常是不可或缺的设备。如图 3-6 所示,强光搜索灯主要为直升机提供高强度光源,并能够遥控光速的指向和焦距,是直升机在夜间或复杂气象条件等低能见度条件下,对空中、地面和水面目标进行搜索、识别,对搜救行动现场提供照明,飞行员在搜救下降高度前在安全高度进行环境检查的必要设备。强光搜索灯通常安装在机头前下方,也可根据需要安装在飞机下腹或一侧,由直升机副驾驶或救生员操作,必要时可与其他设备随动。

强光搜索灯主要由搜索灯头、万向架、配电盒和遥控器四部分组成,此外还有连接电缆和安装配件等。

(1)搜索灯头:一般由圆柱形壳体包裹,壳体前端有耐高温、高强度的钢化玻璃,内部构成元件有氙弧灯管、聚光镜、冷却风扇、调焦距电机和启动电路等。灯管固定在前后支架上,聚光镜通过三根连接杆由调焦电机使其前后移动,从而使光束在一定度数间调整。

图 3-6 强光搜索灯

（2）万向架：在 U 型万向架上有俯仰控制和方位控制两个电机，经蜗杆涡轮机构使搜索灯束指向所需方向，设有限位器防止转动超限，在万向架和搜索灯间一般有防止灯坠落的保险钢锁。

（3）配电盒：为搜索灯连接电源，盒内装有电路自动保护开关和辅助变换器。

（4）遥控器：遥控器上有搜索灯的总开关和控制模块，负责控制搜索灯电源、万向架上的俯仰和方位驱动电机、焦距电机等，用于操纵光束指向和光束角度。

目前国际上和我国应用较为广泛的机载强光搜索灯主要是 SX-16 系列，由美国加州 SPECTROLAB 公司生产，其主要技术指标见表 3-4。

表 3-4 SX-16 系列强光搜索灯主要技术指标

指标分类	技术指标	型 号		
		SX-16	SX-16 IR	SX-16 XP
光性能指标	灯泡类型	氙灯	氙灯	氙灯
	功率/W	1 600	1 600	1 600
	峰值光强/cd	30 000 000	30 000 000	30 000 000
	光束范围/(°)	4～20	4～20	4～20
	聚焦控制	遥控	遥控	遥控
电参数	输入电压/V DC	28	28	28
	输入电流/A	55～67	55～67	65～75
	启动时间/s	3～5	3～5	1
使用特性	典型距离/m	1 000	1 000	1 000
	目标识别距离/m	1 600	1 600	1 600
	1 000 m 处峰值照度/lux	32	32	32
	10%峰值照度范围直径/m	1 000 处 70	1 000 处 70	1 000 处 70
	灯泡寿命/n 或年	1 000 或 2	1 000 或 2	1 000 或 2
	可否用于固定翼	否	可	可
总质量/kg		25～30	26～36	24.9

(三)机载医疗急救设备

搜救直升机在搜救行动中的职能包括搜索、营救、转运和急救等,机载医疗设备是当遇险人员受伤严重时对其实施急救而配置在搜救直升机上的医疗设备。一般情况下,搜救直升机根据不同的功能,可分为两种类型:①后送型,主要是为大量转运伤病员而改装,在转运途中一般不进行复杂救护,只进行简单的医疗处置;②结合型,主要是针对危重伤员的救护,需要在后送过程中对伤病人员进行生命体征监控、重要诊断指标的检测以及院前急救等。相对的,机载医疗急救设备(装备)按照这两种类型,也可分为常规医疗设备和加装医疗设备两种类型,机载常规医疗设备是指不使用机载电源且不安装在机体内部结构上的设备,主要包括急救箱、应急医疗箱、卫生防疫包和手术器械等仅放置于飞机上用于处置伤病员的装备器材,主要对伤病员进行简单处置;加装医疗设备是指需要安装在机体结构或者使用机上电源的设备,如图 3-7 所示,主要包括医疗担架、除颤仪、心电监护仪、呼吸机、输液泵、吸引器和供养设备等,可在转运途中对伤病人员进行医疗监控和急救。

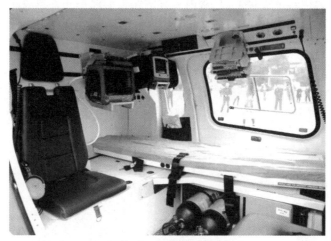

图 3-7 机载医疗设备

通常情况下,机载医疗急救设备特指加装的医疗设备。这些设备的功能和医院中相应的医疗设备功能一致,所不同的是这些设备都具有适航性。适航性是航空器固有的属性,要求航空器始终处于保持其型号设计和始终处于安全运行状态。实际上所有的搜救直升机都是通用型直升机,在用于搜救领域时都是在基本型上进行改装,进而形成搜救该型号飞机的搜救构型飞机。改装过程中,加装的医疗急救设备会从机械、电磁兼容性及电气兼容性、安全性三方面影响适航性。适航性机械方面的影响主要由医疗急救设备的固定安装和工作时振动带来的直升机结构上受力变化引起。对于需要从直升机上获取电源、气源等能源供给的医疗急救设备,它们的安装运行还会造成机上电子电气系统的兼容性和安全性发生变化。航空总局为了保证民用航空器的持续适航和飞行安全,通过发布《维修和改装一般规则》(CCAR-43)来规范民用航空器及其部件的维修和改装工作。

飞行平台多数情况下空间较为有限,尤其是直升机平台,因此机载医疗急救设备在发展过程中集成度不断提高,甚至成为搜救直升机的一个 ICU 模块。通过模块化、集成化的设计有效提升空间使用效率,解决搜救平台勤务使用需求,但这样的集成设计也为适航性提出了更高要求。

第三节　人员营救装备

一、防护装备

(一)吊救防护装备

1.飞行头盔

飞行头盔主要是供直升机成员执行搜救任务时使用,主要功能是进行头部防护和通信,如图 3-8(a)所示。飞行头盔适用于所有的搜救直升机,一般飞行头盔都具有防护和滤光功能,可以进行无线双向通话,是吊救员和机组人员实现无线双向通话的重要装备。

以 ALPHA 公司生产的飞行头盔为例,如图 3-8(b)所示,该头盔是专门用于直升机、固定翼飞机以及非弹射座椅飞机上的超轻头盔。由环氧树脂、芳纶和碳纤维构成,舒适度高、保护性能强。该头盔结合独特的快速释放棘齿系统,能进行简易快速的调整,从而达到以超高的保持力与平衡性来适应不同头部尺寸与形状的目的。具备清晰、有色屏的单/双层头盔面罩;主动降噪;与机载通讯系统兼容;4 种尺寸以及可选择色彩;可选择的半刚性头盔罩盖。其主要性能参数如下:冲击防护低于 300 g(重力加速度)、噪声衰减低于 40 dB,适用温度在 $-40\sim50℃$,重量低于 1 kg。穿透防护低于以下条件:1.8 kg 撞针、撞击角度 $60°$,1 m 以内。在使用时一般要贴反光贴,以便于机组、遇险人员和其他搜救人员观察,如图 3-8(c)所示。

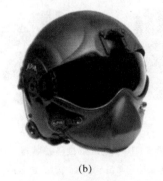

(a)　　　　　　　　(b)　　　　　　　　(c)

图 3-8　飞行头盔的构造及使用

(a)救生员戴飞行头盔救援;(b)ALPHA飞机头盔;(c)反光贴

2.吊救吊带/快速脱离器

吊救吊带是空中救生员最重要的防护装备,如图 3-9(a)所示,是空中救生员出舱实施舱外救援时的一种背带系统,可以和直升机绞车挂钩连接,有效束缚人体,为救生员下降、悬吊及回舱提供防坠落防护。一般由肩带、腿带、腰带和衬垫等几部分构成。

空中救生员吊带是救生员训练、救助中的必备装备，具有结构紧凑、安全可靠的特点，而且承重大、佩戴舒适、穿脱便捷，连接点一般由金属构件制作，通过快速脱离器和绞车挂钩连接，如图 3-9(b)所示，当救生员离开救助直升机机舱发生危险时，可快速地打开快速脱离器。当在救助过程中发生特情时，也可快速地断开与钢索的连接。

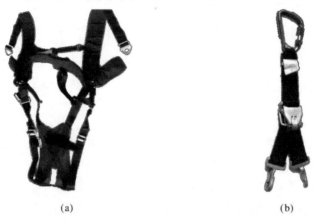

(a)   (b)

图 3-9   空中救生员吊救吊带和快速脱离器

(a)吊救吊带；(b)快速脱离器

3.重点部位防护装备

重点部位防护装备主要有手套、护膝/护肘和护目镜。

(1)手套。救生员使用的手套有绞车手手套和吊救员手套。绞车手手套通常采用索降手套，如图 3-10(a)所示，要求耐磨、结实，一般采用全粒面皮革三重缝制，牛皮手掌设计。吊救员手套一般采用战术手套，根据不同的季节和适用环境，灵活选用透气舒适型或保暖耐磨型均可，如图 3-10(b)所示。

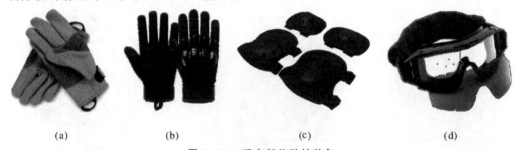

(a)   (b)   (c)   (d)

图 3-10   重点部位防护装备

(a)绞车手手套；(b)吊救员手套；(c)护膝/护肘；(d)护目镜

(2)护膝/护肘。救生员使用的护膝/护肘不同于运动护膝，运动护膝/护肘主要是作用是运动保护、防寒保暖、关节养护，一般以高弹性的针织面料制作。救生员使用的护膝/护肘主要是防止外力造成的损伤，或者利用关节发力时为关节提供支撑保护。因此救生员一般采用战术护膝/护肘实施救援。这种护具在表面都会有高强度的橡胶或塑料材质作为主要防护材质，如图 3-10(c)所示。

(3)护目镜。护目镜一般与头盔成套使用，耐划镜面的高性能涂层更够更好地保护眼睛,避免伤害。如图 3-10(d)所示,多数护目镜都可更换镜片,镜片安装在柔软的框架内部,框架可以和面部紧密贴合,采用带式结构和镜面框架连接以保证舒适稳定的佩戴。可有效防风、防水、抗光、防雾。

(二)水上防护装备

在执行水上任务时为了防止失温,更好的对头部、手部和脚部进行保护,吊救员除了要穿着防浸服以外,还要使用下水头盔、下水手套和下水靴。

1.防浸服

防浸服是搜救直升机机组专用装备,是在较冷季节执行搜救任务时穿着的救生服。当救助区域水温低于等于 15℃,沿海岸线飞行超过半小时及以上时,必须穿着防浸服。平时穿着时透气性好,保持良好的舒适性,当在水上执行任务遭遇冷水环境时,可有效防止海水浸湿内层衣物,防止体温下降,避免体热过快散失。防浸服是由防水透气织物制成,一般为衣、裤、袜一体的连身式结构,主要由衣服主体、防水领口、防水袖口、前胸水密拉链、后背调节装置、肘部防护衬垫和膝部防护衬垫等几部分构成。

以英国 Survival-one 公司的防浸服为例,如图 3-11 所示,其前胸为斜开襟,装有水密拉链,拉开时便于穿脱,拉合后可密封防水。领口、袖口选用整体成型的天然橡胶防水结构,具有很好的弹性和舒适性,能延缓在寒冷水温中浸泡时间过长而引起的低温症状。

图 3-11 防浸服

2.下水头盔

下水头盔主要作用是保护救生员头部,如图 3-12(a)所示,而且有多条反光条环绕,防止在水中作业时头部受到碰撞或打击,也便于夜间观察。

3 下水手套

下水手套是在确保救生员手部能够灵活进行水中作业的同时,保护救生员的手部不受尖锐物体、海洋生物的伤害的一种手部防护装备,如图 3-12(b)所示。其具有以下特点：采用最具伸缩性弹性一类的合成橡胶复合面料，防水保暖效果超强；会在手套手心部位采用耐磨防滑材料；工艺采用超强黏合胶水无针孔工艺缝制，起到很好的防水效果；腕部弹性松紧带及双面黏合的黏扣带让腕部倡导及确保体温不流失；长期使用不变形；防尘，防静电，防划痕；防水不透气，可反复清洗。

4.下水靴

下水靴具有一定浮力、可以保持脚部温度，如图3-12(c)所示。保护救生员水中活动时脚部不受伤害。其特点如下：具有速干透气保暖的潜水料鞋面，在陆地上速干透气；抗海水腐蚀，在冰冷的水里能防寒保暖；鞋子拉链方便对鞋口进行控制，涉水踩到淤泥或游泳浮潜再也不用担心鞋子松脱。

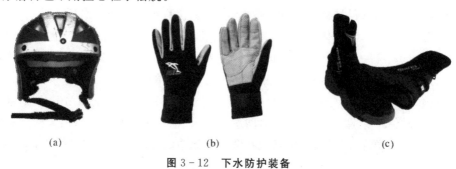

(a)   (b)   (c)

图3-12　下水防护装备

(a)下水头盔；(b)下水手套；(c)下水靴

(三)观察示位装备

航空搜救所用到的观察示位装备相对较多，功能都是便于观察、指示位置、提供照明等。不同之处仅仅是根据使用位置、时机和救生员个人习惯而使用不同的装备。主要包括微光夜视仪、荧光棒和自亮浮灯等。

1.微光夜视仪

微光夜视仪是一种夜视器材，指利用夜间的微弱月光、星光、大气辉光、银河光等自然界的微弱光线作照明，借助于光增强器把目标反射回来的微弱光子放大并转换为可见图像，以实现夜间观察的仪器，如图3-13所示。开始时，该装备主要是为应对夜间作战而研发的，如图3-13(a)所示，用于士兵进行夜间远、近距离观察、搜索、跟踪和识别等。后来逐步应用到航空领域，主要是使飞行员在夜间观察视力大大提高，帮助飞机着陆。

微光夜视仪在航空搜救领域的应用首先起源于军事领域，为躲避敌火力威胁经常在夜间实施战场搜救，但是由于夜间视野不清，常规手段很难精确定位遇险人员，为尽快搜救到遇险人员，如图3-13(b)所示，就逐步开始在搜救机组普及微光夜视仪的使用，提升了战场搜救的效率。后来在民用领域也开始使用微光夜视仪进行搜索的救援。

（a）　　　　　　　　　　　　（b）

图 3-13　微光夜视仪的使用

（a）士兵利用微光夜视仪进行战场观察；（b）救生员利用微光夜视仪搜索

2.荧光棒

荧光棒因具有在夜间发光的性能而被广泛地应用于直升机夜间搜寻和救助,如图 3-14(a)所示。在夜间做海上浮标训练时应用于浮标之上,使得飞行人员更好更快地发现目标。在夜间做海上船舶训练/船舶救援/水中救援时应用于救生员之上,能给飞行员和绞车手提供适当的参考,更好地掌握救生员的手势、位置,洞悉救援过程。

3.自亮浮灯

自亮浮灯一般连接在救生筏、游泳圈等救生浮具上,在夜间指示其水中位置的浮灯,如图 3-14(b)所示,入水后自动发光,不受水、浪的影响,光强在 2 cd,至少能连续发光 2 h,闪光模式下每 5 min 不少于 50 次,30 m 高度抛投至水面不能损坏。

4.头盔灯

救生员在吊救过程中需要用双手给出联络指挥手势和操作吊救装备,夜间作业需要照明时使用手电极其不便。而头灯可以有效解放双手,为救生员在视野范围内提供准确的照明。如图 3-14(c)所示,以 NITECORE HC90 型号头盔灯为例,它采用全铝合金一体成型灯身,拥有更高的强度和更好的散热性能;采用 18650 锂电池驱动,900 lux 超高亮度长达 200 h 的最长续航时间;单手即可快速选择所需的亮度和功能;具有 100°有效照明范围;自带红绿蓝三色照明功能;耐磨的军规三级硬化表面处理;IPX-8 防水标准(水下 2 m);1.5 m 防摔能力;体积长度:90 mm,头部边长:70 mm×22 mm;重量:135 g。

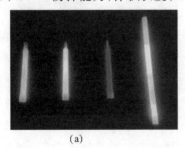

（a）　　　　　　　　　（b）　　　　　　　　（c）

图 3-14　标位及照明装备

（a）荧光棒；（b）自亮浮灯；（c）头盔灯

除上述装备外,观察示位装备还有夜航手电、发光臂带、指灯、唇灯等装备器材,都可以在夜间搜救过程中用于不同环境和需求下的照明和指示。

二、救援装备

1.快速救援带

快速救援带是最基本的营救装备,如图3-15(a)所示,材质通常为尼龙,吊带两端各装有一个半圆或三角形吊环,用于连接绞车挂钩,吊带中有一个尼龙或者不锈钢的滑动限位器,以保证吊带在人员提升时紧贴人员身体两侧,防止人员从吊带中滑落,有的快速救援带为确保安全还有一个安全连接带。若遇险人员受过训练,了解快速救援带的使用方法,只需要将快速救援带和绞车连接好下放即可,遇险人员在接到快速救援带后,迅速将其套到腋下位置,收紧限位器,手臂夹紧腋下,双手抓住限位器上部和绞车连接的带子即可提升。如果遇险人员未受过训练,则需要救生员携带快速救援带下放进行救援。救生员在接地(水面)后,迅速到达遇险目标位置和遇险人员面对面站,携带快速救援带一侧的手拉住被救目标同侧手臂(左手拉右手、右手拉左手),将快速救援带套入该手臂,并顺势将遇险人员套入救援带,并绕至遇险人员腋下,拉紧救援带限位环,有安全连接带的快速救援带还要将安全连接带从被救目标裆下绕至前部卡扣锁死,而后如图3-15(b)所示开始提升遇险人员。

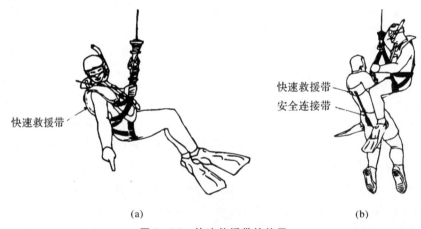

快速救援带

快速救援带
安全连接带

(a)   (b)

图3-15 快速救援带的使用

(a)救生员携带快速救援带下放;(b)救生员使用快速救援带提升遇险人员

当遇险人员行动困难时,还可运用双带吊救的方法,由吊救员携带两个快速救援带下放,到达地面(水面)后,分别将两个快速救援带连接到遇险人员的腋下和膝关节上部,收紧限位器后,一手扶住被救人员头部,一手扶住腿部,然后开始提升。在入舱时绞车手要抓紧快速救援带背部的拉手,协助救生员将遇险人员拉入舱内,如果快速救援带未配置拉手,绞车手环抱遇险人员胸口将其拉入机舱。以加拿大美国的♯214QS型快速救援带为例,其技术指标如下:重量约1.15 kg,载荷272 kg,主带断裂极限为2 268 kg,连接安全带断裂极限2 722 kg。

2.救援软梯(绳梯)

救援软梯(绳梯)是直升机救援过程中使用的悬垂的软梯,如图3-16所示。救援软梯(绳梯)是救生和遇险人员在直升机不便于机降时返回直升机机舱的简易工具,有钢丝绳软梯、钢丝绳尼龙包芯软梯等,具有运输方便、使用便捷、轻巧柔软等优点。但是其缺点也相对明显:首先,不便于无训练经验者使用。救援软梯(绳梯)的两侧是不固定的软绳,在攀爬时不容易掌握平衡,发力困难,需要有较好的协调能力和上肢力量,无使用经验者很难在遇险环境中快速掌握使用要领;其次,四肢损伤或身体遇冷僵硬的遇险人员使用困难。救援软梯(绳梯)使用时需要四肢协同发力,如果人员肢体有损伤或身体僵硬,很难有效发力;再次,使用时容易对机组安全造成威胁。救援软梯(绳梯)的高度不能调节,距离地面太远不利于人员攀爬,距离地面(水面)太近容易发生缠绕;最后,不方便维修。救援软梯(绳梯)在使用时无论是侧绳还是横杆发生问题,都无法快速更换维修。

　　基于以上原因,救援软梯(绳梯)在军事搜救领域应用较多,一般用于地面人员的战斗撤离、转运和无伤病遇险人员的回收。使用时首先确定人员身体健康、状态良好,最好受过相应训练,这样可以确保安全并缩短回收时间。而后提示其从直升机侧面接近直升机,并开始攀爬。如果遇险人员无法攀爬,应先爬上几级软梯后,坐在合适一级横杆上,而后将身体缠绕进软梯(绳梯),等待机上人员将其提升入舱。以加拿大 BAR 公司的 HL(Helicopter Ladder)型单人直升机救援软梯(绳梯)为例,其技术指标如下:内附钢线直径 5 mm;铝合金梯级直径 25 mm;垂直梯级间距 30 cm;最大长度 15 m;安全工作负荷 113 kg。

图 3-16　外军利用救援软梯(绳梯)实施救援

3.吊救担架(吊架)

　　吊救担架(吊架)是担架的一种,是遇险人员遭受严重伤害,丧失自主行动能力,地面无法机降,由空中救生员采用悬停吊救的方式对危重伤员实施救援的一种吊救装备。由于吊救担架需要放置于机舱内,使用时由一名救生员携带至地面(水面)对遇险人员实施营救,而后在机组配合下提升入舱。因此,与普通担架的不同之处在于,吊救担架更为轻便、强度更高、耐腐蚀性强,一般会附带小型浮筒且头部位置浮力较大,并有多重固定带,此外还有和直升机连接的提升连接带和锁扣。担架按照结构不同可分为篮式担架、卷式担架、折叠担架和负压气垫式担架等,如图 3-27(a)～图 3-27(c)所示,在航空搜救领域也都有着一定范围的应用。

　　就吊救用担架来讲,一般折叠结构或拼装篮式结构更多一点,主要是因为这两种担架占用机内空间少,携带、组装、使用便捷,小巧好操控,尤其是折叠式担架优势更为明显。其构成部件一般包括担架主板、绑带、头部松紧带、手肘绑带、吊运环、垂直起重环、垂直受力带等。以英国 RAPAGUARD 公司的折叠担架为例,如图 3-17(d)所示,其折叠情况下和展开情况下尺寸分别为 920 mm×270 mm×150 mm、1820 mm×250 mm,自重 11.5 kg,带附件重 16 kg,最大承重 136 kg。

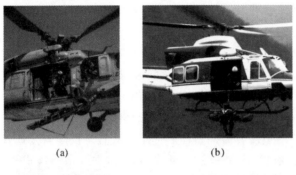

(a)   (b)   (c)

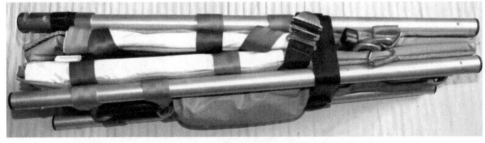

(d)

图 3-17　吊救担架救援与折叠吊救担架结构

(a)拼装篮式结构吊救担架;(b)负压气垫式吊救担架;(c)折叠式吊救担架;(d)折叠式吊救担架结构

4. 救援吊篮

救援吊篮主要用于营救海上落水人员,如图 3-18 所示,一般可装载 1～2 名遇险人员,使用时吊救员配合绞车手将吊篮挂到绞车上,绞车手将吊篮下放至水中,遇险人员进入吊篮并稳定后,绞车手将其提升到舱门口,在吊救员的协助下,将吊篮拉入舱内。

图 3-18　救援吊篮

由于吊篮常用于水上营救,因此其主要构件都要具有一定的耐腐蚀性,而且多数吊篮为节省机内空间都可以折叠,使用时展开。以美国的 LS-495 吊篮为例。其 55% 的设计采用了重量轻且坚固的材质，内部空间可容纳两名成年人，可同时对两名遇险者实施救援。吊篮的组件可折叠后放入其内部，展开时向上提起固定即可，如图 3-19 所示。吊篮底部是一层半刚性塑料网，开口大小约 1 in，吊篮两侧各有一个浮筒，使得吊篮在水上可自主漂浮，材质是尼龙布，并且有海上专用涂层，印有安全标识和高强度反光条。重量约 18 kg，折叠尺寸为 64 cm×113 cm×24 cm(宽、长、高)，展开尺寸为 64 cm×113 cm×104 cm(宽、长、高)，承重 272 kg。

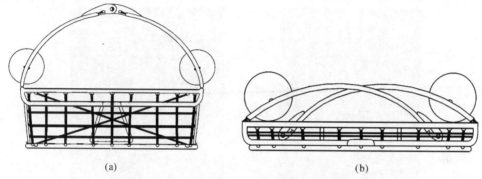

(a)   (b)

图 3-19 LS-495 营救吊篮展开和折叠时的状态
(a)展开时的救援吊篮；(b)折叠后的营救吊篮

5.救援吊座(吊椅)

营救吊座(吊椅)外观像一个带有两个平行座位的三角锚，如图 3-20(a)所示。营救吊座(吊椅)主要是用于营救地面或海上受过训练的遇险人员，根据型号的不同可同时营救 1~2 人，使用时仅下放营救吊座(吊椅)即可，救生员不需要辅助。营救吊座(吊椅)一般不用于营救没有培训经验的人员，如果确实需要使用营救吊座(吊椅)营救此类人员，需要救生员协助做好连接绑定工作方能提升，因此营救吊座(吊椅)常用于军事搜救行动。

遇险人员在使用营救吊座(吊椅)时，首先解下安全连接带，而后坐到其中一个座椅臂上，然后连接好安全带，检查无误后双手抱紧吊座，即可提示绞车手提升，如图 3-20(b)所示。

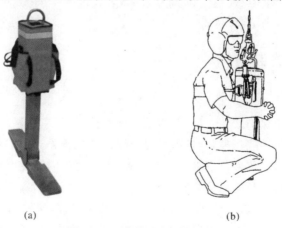

(a)   (b)

图 3-20 营救吊座(吊椅)
(a)营救吊座(吊椅)结构；(b)营救吊座(吊椅)使用方法

6.高位引导绳(高绳、引导绳)

直升机在悬停过程中会产生较大的下洗气流和相对地面(水面)的位移,这就使得提升过程中的各种营救装备产生旋转、摆动等,轻则影响提升效率,重则影响遇险人员和机组安全,类似事故时有发生。如图 3-21 所示,高位引导绳就是悬停吊救过程中,保障吊救担架、救援吊篮、救援吊座等装备稳定提升和正确进出舱门的引导装备,防止营救装备的摆动、旋转,确保快速正确入舱。

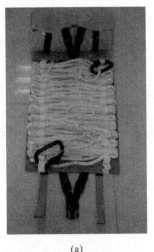 

(a)   (b)

图 3-21 高位引导绳的构造及使用

(a)高位引导绳;(b)高位引导绳引导吊救担架下放

高位引导绳并不是所有情况下都需要使用,一般在以下情况下更为适用。

(1)营救目标众多,需做多次吊运。

(2)海况差,障碍物多、高,船舶摇晃时影响在吊运点上方作业的直升机的安全。

(3)飞行员的参照不好,悬停稳定性较差。

(4)吊运点小,救生员操作不便。

高位引导绳的主要参数:最大拉力为 794 kg,长度为 45~60 m,破断绳最大拉力为 82 kg,日常检查频率为 1 次/每周。

三、通信联络装备

(一)救生电台

为了最大限度地保护战斗人员,尤其是飞行人员,使其在遭遇打击或逃生后,能够及时开展自救并有效引导战场搜救,各国都为作战人员配备了齐全的救生装备。由于无线电信号比普通声光信号传播范围更广也更隐蔽,因此便携的救生电台也就成为战斗人员个人救生装备中不可或缺的通信装备。救生电台也称呼救电台。是用以报警、呼救的小型无线电设备。由发信机、收信机、天线、信号自动拍发器、电源、话筒、电键以及耳机等组成。能以人工或自动方式发出遇险求救信号。其频率固定,操作简便,具有抗冲击、抗高低温和防水、防盐雾、防霉菌等性能,并能浮于水面。通信距离一般为数千米至数十千米,对空可达 100 多千米。

以美军为空勤人员配发的 AN/PRC-90 应急求生电台为例,如图 3-22 所示。AN/PRC-90 应急求生电台共有 2 个工作频率及 2 种工作模式,可以通过旋转电台右侧的电源开关兼频率选择旋钮进行选择:既可以像使用普通手台那样,在 282.8 MHz 及 243.0 MHz 直接进行语音通联,也可以通过 243.0 MHz 频率发射无线电信标信号,并且与所有超高频调幅收音机和超高频测向仪兼容。

AN/PRC-90 应急求生电台为了满足便携要求,发射功率及电池容量都很有限,在地面上的通联距离仅为 1.625~2.438 km。在 3 000 m 高度,语音通联距离为 111.12 km,使用莫尔斯码信号通联距离为 148.16 km。在无线电信标工作模式下,最大信号发射距离可达 92.6 km,最长可持续发射信号 14 h。

(二)个人定位信标

在民用领域为快速发出遇险信号,个人定位信标(Personal Locator Beacon,PLB)使用较为普遍,使人员有能力从地球表面上的任何地方发送遇险警报。遇险警报迅速通知到有关部门,并随后通知到救援队。如图 3-23 所示,以 ACR 的卫星个人定位信标 PLB350 为例。这是一个小型轻便的个人定位装置,当卫星定位信标仪发出求救信号,电子信号发送到太空中的人造卫星,这个定位器可以将求救者的位置精确在 1~2 km 范围内,并匹配求救者的姓名、地址和身体情况。

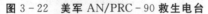

图 3-22　美军 AN/PRC-90 救生电台　　　图 3-23　ACR 个人定位信标

ARC 个人定位信标是一种便携式装置,由个人携带,只可用手动方式启动。它发射 406 MHz 的信号,可用全球卫星搜救系统 COSPAS-SARSAT 探测到这一信号。通过卫星系统可以获得遇险人员的正确位置,精度在 100 m 范围内。该信标还有一个 LED 频闪灯,以便于搜救人员能够更快速地发现遇险人员,并进行更精确地定位。

(三)精确示位装备

精确示位装备主要是用于复杂地域环境中为搜救机组提供遇险人员精确定位的一类装备的统称,如图 3-24 所示,主要用于夜间、丛林、水面或复杂气象条件下的人员精确搜索。一般由遇险人员携带使用,在观察到搜救机组到达时,利用精确示位装备联络搜救人员,便于机组人员快速发现遇险人员。

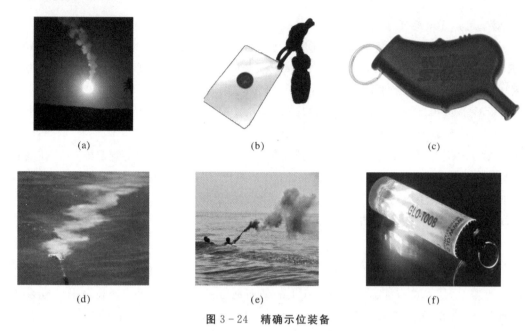

图 3 - 24　精确示位装备

(a)信号弹；(b)求生反光镜；(c)求生哨；(d)海水染色剂；(e)光烟信号管；(f)信号标位器

1.信号枪(弹)

信号枪(弹)是军事行动的辅助装备,主要用于夜间战场小范围的信号、照明与观察,指示军事行动或显示战场情况以帮助指战员做出正确判断。由于其能够在夜间迅速引起侦查人员的注意,逐步被应用到搜救领域,尤其在海上、丛林、沙漠的搜索营救更为普遍,如图 3 - 24(a)所示,效果十分明显。

2.求生反光镜

求生反光镜是昼间目视求救联络用品,如图 3 - 24(b)所示,只能在有阳光时使用,它是利用反射的太阳光作为求救联络信号,显示自己的位置。联络距离随大气能见度变化有所不同,最远反射距离可以达数十千米,只要能看到联络目标即可进行联络。一般来说,使用专为求救设计的求生反光镜,信号的发射精准度会较高,可透过镜子与网子的简单构造,瞄准空中飞机后,将太阳光点与飞机连成一直线,阳光就能反射给救援者。不论是对面的山头或是飞机,可轻易地发射摩斯密码或是求救信号。

3.求生哨

求生哨是一种户外用的哨子,如图 3 - 24(c)所示。在遇险时用于呼救可有效节省体力,大部分的求生哨有别于一般的哨子,可发出特殊的频率跟分贝,让搜救人员在野外环境中更快速地根据声源找到遇险者。而且求生哨可以作为简单通信工具,在丛林、夜晚等可见度低的时候,正确使用求生哨可以使遇险者直接有效传递信息。

4.海水染色剂

海水染色剂是昼间水上联络物品,如图 3 - 24(d)所示,在看到搜救飞机后,遇险人员撕开外包装,将绳索系在救生船把手或救生圈上,投入水中,划动救生船使海水染色,不用时收回以备后用。使用时海水呈亮绿色,和周围海水形成明显色差,在水中浸泡时间长一些时,效果更佳。

5. 光烟信号管

光烟信号管是昼夜间均能使用的目视求救联络装备,一般见到搜救飞机后用于显示自己的位置。一般在能见度大于 10 km,风速小于 4 m·s^{-1} 时效果较好。白天使用发烟管联络,当飞机高度为 1 km 时,可见距离达 8～11 km,在海上使用效果比陆地要好,如图 3-24(e)所示;晚上使用发光管联络,当飞机高度为 1 km 时,可见距离达 30～36 km。缺点是时间较短,使用者要掌握好使用时机,让搜救人员快速发现。

6. 信号标位器

信号标位器是夜间的目视联络用品,用频闪灯发出的闪光显示自己的位置,至少有照明和闪光两种功能,必要时也可用于夜间紧急照明。如图 3-24(f)所示,以 GLO-TOOB 信号标位器为例,采用一节 A23 碱性电池,可以持续供电 30～80 h,10 万小时使用寿命的 LED 光源,7 种照明方式,从待机状态到 SOS 求救及预警方式。红外线和 5 种不同的颜色,长 2.75 in,重 1.2 oz,超强的高密度的光亮度,在数英里之外都可以看到,适用温度 -20～80 ℃,适用范围涵盖了从办公室到战场,包括个人安全信号、军事、工程信号标志作为一种必要的安全求生工具,是不可缺少的。轻巧简便的设计适合日常携带。GLO-TOOB 的设计理念是为了取代各种以化学成分为光源的求救安全信号照明系统,目前已经被美英军方在阿富汗和伊拉克战场装配使用。

第四章　直升机搜救任务

第一节　搜救直升机机组资源管理

一、机组资源管理概述

(一)基本概念

机组资源管理(Crew Resource Management,CRM)是指充分、有效、合理利用一切可以利用的资源来达到安全有效飞行运行的目的,核心内容是权威、参与、决断、尊重,通过有效提高机组人员的沟通技巧、提倡团队合作精神、合理分配任务、正确做出决策来体现。通过对航空事故的分析,可以发现多数事故的起因并非技术原因,实际上有将近3/4的事故原因都涉及人为因素,主要在交流、协作和决策等方面出了问题。通过对事故原因的总结,越来越多的航空专业人员发现,机组人员不仅要熟练掌握岗位操作技能,还要加强领导、交流和机组管理方面的训练。为此,旨在改善飞行安全、加强培训飞行人员之间配合和机组间有效协作、改变飞行中的行为方式、减少因人为因素造成飞行事故的资源管理概念及训练方法便应运而生。

作为航空专业十分关注的一项重要内容,对于航空搜救而言更要格外重视,因为航空搜救行动时效性要求高,相对的搜救机组的任务准备时间就要求越短越好,但是搜救行动往往要面临危险的搜救环境、复杂的搜救行动、密切的机组协同,稍有不慎将会造成严重后果,因此会面临更大的安全风险。而飞行安全是一项系统工程,任何一个环节、任何一项工作发生问题都可能导致飞行事故。尤其在搜救直升机执行吊救任务时,涉及的人员包括飞行人员、救生人员、医护人员、被救人员、地(水)面协同人员和装备,一旦发生事故,不仅仅会耽误搜救任务的进度,影响机组安全,甚至可能对地(水)面搜救对象、协同平台(人员)造成严重安全威胁。

(二)搜救专业 CRM 训练需求

由于航空搜救任务具有自己的特殊环境和限制条件,机组需要结合专业特点开展不同于民航组织的、符合搜救任务实际的 CRM 训练。

1. 机组协同

(1)飞行和救生专业的协同。虽然飞行人员和救生人员经过院校学习和岗位培训,都能胜任各自岗位的任职需求,但在直升机吊救过程中需要根据环境情况、遇险对象情况、装备使用情况、吊救手段等具体条件,才能保障接近目标合理、环境观察全面、飞机机体安全、悬停位置精准。

(2)救生专业内绞车手和吊救员的岗位协同:①需要绞车手和吊救员在舱内时能够合理制定吊救行动方案、快速完成吊救准备、全面检查安全措施;②在打开舱门后绞车手和吊救员可以合理分配注意力,从而确保绞车和吊救员、吊救装具之间的安全连接、稳定及调整;③在下放过程中吊救员可以通过手势沟通,使绞车手合理控制下放速度,并在绞车手的配合下使飞行人员继续精准控制接近目标的速度、角度和位置;四是在吊救员完成遇险人员处置准备提升时,绞车手应指挥飞机及时到达合理位置悬停,并协同吊救员完成绞车连接、安全检查、平稳提升、特情处置、人员入舱等行动。

2.平台协同

不同的搜救平台有着其固有的优势,多数情况下多平台协同搜救可以扬长避短,是提高搜救效率的有效途径,比如水(海)面搜救,可以综合发挥空中平台搜索速度快、覆盖范围广、转运效率和水面平台救援便捷、承载量大的优势。但只有平台间能够实现协同才能实现高效搜索、分类处置、协同转运和提升搜救效率的目的。这要求搜救计划人员在分配搜救区域时,根据平台特点对搜索区域进行协同部署,以提升搜索定位效率;另一方面在遇险人员定位后实施搜救时,在搜索过程中要求现场指挥员统一协调各平台之间的行动步骤和先后顺序,尤其是要注重安全边界的控制。

3.环境威胁

相对于其他航空平台,航空搜救平台要面对更多的环境威胁。①事故多数是由雨、雪、滑坡、地震等自然灾害引起,飞行机组实施救援时,往往需要面临恶劣的自然环境影响,除了自然灾害救援外,在事故救援时还可能面对大火、爆炸、烟雾、毒气等多种威胁;②救援时由于环境恶劣,遇险人员情绪不容易平复,在救援过程中可能会表现出激动、亢奋等状态,容易对救援人员和自身安全造成影响,尤其在采用吊救方式入舱时,其无意间的手部动作都可能造成安全锁扣解除、装备连接错误等严重问题。

(三)航空搜救 CRM 效益

CRM 的对象包括软件、硬件、环境和人员等四个方面及相互关系。涉及的人员除了飞行机组外,还包括日常与航空搜救相关的一切人员,除机组人员外还应包括搜救计划制定人员、协调人员、空中管制人员、机务维修人员和医疗转运人员等。目的在于强化机组全体观念,形成和发展指挥和飞行人员的决策技能、个体间有效的交流技能、良好的驾驶舱领导和协作技能、培养机组处理压力的能力、妥善处置冲突的能力、合理的注意力分配和注意力转移能力等。

需要注意的是 CRM 并不是一个能够短期见效的计划方案,而是改进机组工作的全方位课程,它是针对所有机组人员的课程,而不仅仅针对一个人,可以用于所有形式的机组培训课程中,主要内容为改进安全问题、培养良好的驾驶舱处境意识等,是一个需要积极参与的培训。具体来说 CRM 不是为机组人员提供具体的技能培训,而是培训机组人员如何在驾驶舱和其他人一起协同工作,从而改进驾驶舱团队工作。CRM 的研究与培训对提高飞行安全水平有着重要意义。对于搜救机组而言,CRM 培训具有很多潜在效益,具体来说主要有以下几点。

1. 可以提高搜索行动的有效性

搜救任务的有效性描述主要是指搜救行动成功的比率,经过系统 CRM 训练的团队,从任务计划阶段开始就能够对搜救区域进行有效分析,这主要得益于机组经验和计划人员之间的有效配合,因为对于搜救行动而言,理论区域的预测只能为搜救提供基本参考区,而经验则可以对理论预测区提供修正,而来源于长期救生、飞行的岗位实践往往会提供更有效的修正。同时在搜索行动推进不够顺利时,经验推断往往比理论预测更有参考和借鉴价值。而且,在搜索过程中机组之间合理的任务分工和注意力分配更有利于发现遇险人员,防止在快速的机动和不充分的扫视中遗漏遇险人员。

2. 可促进机组和维护人员的协调和合作

机组和维护人员在工作时间上几乎没有太多交集,排除飞行技术因素,就飞行平台的安全性而言,维护人员的重要性似乎更为明显,飞行机组似乎对平台本身的可靠性没有太多贡献。但实际上经过 CRM 训练过的搜救团队,往往更容易和维护人员形成良性互动,这种良性互动不仅仅可以提高维护团队的责任心,实际上对搜救行动中航空平台状态和使用情况的交流和分享,对维护团队制定维护计划、开展故障分析、实施保障维护都有着重要的指导和参考作用,可以有效提高航空搜救平台的维护质量。

3. 可以在确保安全的条件下提高救援行动效率

相对一般的航空飞行,航空救援活动对机组的协同要求更高,尤其是直升机航空吊救行动更是对机组协同的最大考验。对于机组而言可能某个岗位的人员作为新员其技能不一定成熟可靠,但经过 CRM 训练的团队显然通过协作可弥补团队弱项。比如说新飞行员悬停技能不够熟练,那么绞车手可以通过增加指挥用语、细化指挥流程、预先风险提示等手段稳定悬停水平,吊救员也可以和绞车手配合,采用留足钢索余度和控制钢索快速收放等手段,防止飞行员失去状态后影响吊救员安全和救援质量。

4. 可以改善训练效率

对于航空搜救训练而言,实际的飞行训练机会是非常宝贵的,需要机组充分准备、重点研究后加强训练的针对性,只有不断发现问题、解决问题,搜救质量才能得以提高。经过 CRM 训练的机组会更加有效的总结整个团队在实施搜救行动时的飞行经验和教训,认真分析问题原因、研究训练方案、充分地面准备后,再进入飞行训练。相对于没有经过 CRM 训练的团队其训练效率针对性更强,有利于整体搜救能力的提升,而不仅仅限于单一岗位的技能提升训练。

二、搜救机组资源管理

(一)搜救机组成员

搜救直升机一般配有直升机驾驶员 2 名、绞车手 1 名、吊救员 1～2 名,有些情况下还会编配 1～2 名医护人员,对于陌生的搜救地域或多数军用直升机而言还会配备 1 名空中领航员,其中绞车手和吊救员可统称为救生人员。不同专业的机组人员在执行搜救任务时分别担负着不同的职能,发挥不同作用。

1.驾驶员

驾驶员是直升机的直接操纵和驾驶者,负责在搜救任务过程中直升机的操纵和飞行安全。接到任务后,其驾驶直升机从机场起飞,按照一定的航线或航路飞往搜救地域,搜索到目标后,与绞车手密切配合完成特定的直升机操纵动作。需要吊救时,应按要求建立最有利于营救的悬停态势,并严格保持直升机的平衡与稳定,救援成功后,操纵直升机脱离营救区域,沿一定的航线或航路飞往就近的医院或指定位置。

2.绞车手

绞车手负责搜救过程的指挥和协同工作,在飞抵搜救区域过程中,根据掌握情况负责制定直升机搜救平台的搜救行动计划并进行初步协同,协助吊救员进行吊救装备的整理、完成吊救行动的准备;到达搜救地域后,根据现场情况指定机组人员的扫视方向和搜索重点;发现目标后,和驾驶员沟通确定救援方式,例如采用吊救方式救援时,指挥直升机接近目标和保持一定的高度,确保直升机位于合适的吊救高度和位置;在合适时机打开舱门,指挥吊救员出舱和下放,在下放过程中根据环境情况和吊救员需求保持对飞机姿态的指挥;吊救员完成救援后,协助其将遇险人员吊救入舱,并确保入舱后的人装安全;关闭舱门后,协助医护人员完成对遇险人员的简易医护处置;在降落后,和医护人员一起将遇险人员转移到医疗点或后送平台。

3.吊救员

根据任务规模不同,搜救直升机组会配置 1 或 2 名吊救员,吊救员是吊救任务的具体实施者,在绞车手的协助下直接实施救援工作,负责吊救装备的整理、管理、维护和具体使用。在搜索过程中按照绞车手的要求负责对分配的搜索角度进行细致观察;发现遇险人员后,根据不同救援方式担负不同任务,机降救援时则主要协助医护人员对遇险人员简易处理,并协助其入舱;吊救救援时,需要提前准备好吊救装备,并根据绞车手的要求在合适的时机穿戴好个人防护装备,连接好安全措施并携带救援装备待命出舱;出舱后根据观察用手势告知绞车手飞机移动方向、钢索下放速度、下放方向等重要指挥信息,协助其精确指挥飞机移动;接近遇险人员后控制好钢索余量,根据遇险人员情况判断是否脱钩营救;当遇险人员无法直接提升时,需要进行简易医疗处置后再行连接提升;入舱时配合绞车手将遇险人员送入舱内安全区域,解除连接、确保舱门关闭后协助医护人员完成对遇险人员的简易医护处置,在降落后,和医护人员一起将遇险人员转移到医疗点或后送平台。

4.医护人员

根据机型差异和配备医疗设备的差异,搜救直升机可选配 1～2 名医护人员,负责医疗救援设备的维护、管理、维护和具体使用。在搜索过程中按照绞车手的要求负责对分配的搜索角度进行细致观察;在机降救援时出舱对遇险人员进行简单医疗处置,在救生人员的协助下引导遇险人员安全入舱;吊救救援时,在舱内注意观察舱内状态,防止散落装备、旋翼下洗气流、风、雨等对舱内造成安全威胁;在人员入舱时,引导其到达安全位置;在舱门关闭后对其进行医疗处置,并在返程途中观察遇险人员生命体征,紧急时介入处置;降落后,在救生人员的协助下,引导遇险人员安全离机,并向地面医护进行交接,重点要明确遇险人员伤情、前期处置工作和后期处置建议。

5. 空中领航员

一般由副驾驶兼任,在复杂地域或复杂气象条件时可选配专业领航员跟机,负责整个搜救航线或航路的空中领航任务。飞机起飞后,与驾驶员协同,正确引导飞机按照一定的航线或航路飞向营救区域;在搜索过程中按照绞车手的要求负责对分配的搜索角度进行细致观察;返程时引导直升机迅速脱离营救区域,就近飞往合适的机降点或指定医疗机构。

(二)空中救生人员

空中救生人员专指绞车手和吊救员,是航空搜救直升机上特殊配备的空中勤务人员,主要搭载直升机利用特殊的专业装备对遇险人员实施必要的营救。目前由于国内还没有建立统一的空中救生人员专业培训体系、技能认证体系和配套待遇体系,因此在不同的搜救体系内,空中救生员的人才质量、培训机制、岗位职能都没有规范的引导。但是根据我国劳动和社会保障部规定,国家职业资格等级一般共分为5个等级,各等级从低到高依次是初级技能(五级)、中级技能(四级)、高级技能(三级)、技师(二级)和高级技师(一级)。因此就空中救生员职业资格来讲,应对接国家职业资格等级要求,也划分为五个等级,可分别描述如下。

1. 救生员(五级)

国家对初级技能即五级职业资格的描述为"能够运用基本技能独立完成本职业的常规工作"。对于救生员来讲,一般是指刚完成基本培训,但未参加过搜救任务的救生员。其基本技能应该包括空中搜索、个人防护、装备维护、救援装备操作、常见创伤的应急处置等。常规工作主要包括装备管理、航空搜索、空中吊救等。具体来说就是了解搜救基本理论知识、航空搜救常识、直升机搜救理论,能够熟练掌握个人防护装备、基本救援装备、通信联络装备的操作使用,能够完成装备的日常管理、维护和保养,简单环境的空中吊救和简单创伤的应急处置工作。

2. 救生师(四级)

国家对中级技能即四级职业资格的描述为"能够熟练运用基本技能独立完成本职业的常规工作;并在特定情况下,能够运用专门技能完成较为复杂的工作;能够与他人进行合作"。相对于初级救生员,中级救生员还应具备"特定情况下,能够运用专门技能完成较为复杂的工作;能够与他人进行合作"的能力,即具备在夜晚、雨、雪、雾、大风及大浪等复杂条件下实施空中吊救的能力、特情处置能力以及和配合绞车手制定现场搜救计划的能力。

3.绞车手(三级)

国家对高级技能即三级职业资格的描述为"能够熟练运用基本技能和专门技能完成较为复杂的工作,包括完成部分非常规性工作;能够独立处理工作中出现的问题;能指导他人进行工作或协助培训一般操作人员"。具体来说,绞车手"运用专门技能完成较为复杂的工作"就是能够操纵绞车完成吊救工作;"部分非常规性工作"即专业相关的组织、协调、预案拟制等工作;"能够独立处理工作中出现的问题"即需要绞车手有各种特情的处置能力;"能指导他人进行工作或协助培训一般操作人员"是指绞车手应该能够根据任务执行情况,发现问题指导机组进行改进,并能对技能不熟练的吊救员给予有效指导。

4.救生教官(二级)

国家对技师即二级职业资格的描述为"能够熟练运用基本技能和专门技能完成较为复杂的、非常规性的工作,掌握本职业的关键操作技能技术,能够独立处理和解决技术或工艺问题,在操作技能技术方面有创新,能组织指导他人进行工作,能培训一般操作人员,具有一定的管理能力"。特殊描述有"掌握本职业的关键操作技能技术""能够独立处理和解决技术或工艺问题""在操作技能技术方面有创新"和"有一定的管理能力"。首先,就技能来讲要求从"运用"提高到了"掌握",救生教官应具备各种复杂条件下控制绞车、组织吊救、防范风险、处置特情的能力;其次,救生教官要对搜救技术和装备工艺有深刻的认识,能够分析其优缺点,能够为提升搜救技术和改进装备性能提供有价值的参考;再次,救生教官可对搜索区域分析、快速搜索定位、高效吊救等搜救技能技术进行创新;最后,救生教官可以介入搜救的组织管理工作,包括搜救资料的收集整理、训练计划制定等。

5.救生检查官(一级)

国家对高级技师即一级职业资格的描述为"能够熟练运用基本技能和特殊技能在本职业的各个领域完成复杂的、非常规性的工作;熟练掌握本职业的关键操作技能技术,能够独立处理和解决高难度的技术或工艺问题,在技术攻关、工艺革新和技术改革方面有创新,能组织开展技术改造、技术革新和进行专业技术培训;具有管理能力"。相对救生教官来说,救生检查官应该能够解决"高难度"的技术或工艺问题,在培训指导方面不仅能够担负教学工作,还要负责培训的组织,主要涉及培训内容、培训周期、培训计划等工作;同时,在管理工作中应作为管理负责人,对搜救任务的组织计划、行动实施、总结提高进行检查指导。

(三)机组协同

机组协同是指多座飞机或直升机的同一机组成员为完成任务的准备和实施过程中,分工协作、相互配合,通过地面沟通和地面联络,具体阐述和表明个人的职责和完成任务的方法,达到圆满完成任务,确保飞行安全的目的。是机组资源管理的最终目的。

1.机组协同一般程序

机组协同按照程序可分为地面协同和空中协同。

(1)地面协同。

1)明确飞行任务,批次、机组成员的名称和代号。

2)校正地图作业和有关数据,明确出归航的方法,上升率、上升改平点和下降率、下降时机。

3)明确测量偏流、地速的时机以及航线上的基本操作。

4)做好经常性特殊情况的处置方法。

(2)空中协同。

1)控制好各点的转弯时机以及相应的高度、速度、坡度、时间和电台对应方向角。

2)明确准时到达的调速方法和时机。

3)了解搜救的工作程序和特殊情况的处置方法。

4)掌握搜救过程中的机组配合。

5)归航后,根据规定方法建立好着陆航线及五边穿云的实施方法,做好方向、位置归正。

2.机组协同的内容和方法

(1)场内飞行。

1)熟悉飞行计划的内容、要求和执行方法。

2)机号、飞行员代号、机组成员、起飞时间。

3)任务的高度、速度、次数、每次的飞行总时间。

4)控制各点的转弯时机、坡度、速度、时间、电台相对方位角及切台时机。

5)五边航向修正和背台航向修正的方法及航向的保持。

6)收放起落架、襟翼的时机。

7)提示五边航向,位置偏差及各点高度、下降率、速度和风的资料等。

8)特殊情况处置的协同方法以及有关安全规定。

需要注意的是,根据本机场的一体化训练特点,协同的重点是:计划的内容、执行的方法、各段时间、位置的监控和五边方向、位置的修正。主要方法是与驾驶员进行口令协同。飞行员发现偏差后,经过计算,找出准确的修正值及时修正。

(2)场外飞行。

1)熟悉搜救计划的内容、要求、执行方法。

2)飞行员代号、机号、机组成员、起飞时间。

3)校对航线数据、飞行高度、速度、携带油量、飞行安全高度等。

4)出、归航方法、注意事项,上升、改平时机与下滑时机。

5)着陆机场、备降机场的资料、穿云方法、注意事项。

6)出航定海压,校对高度的时机,航线上接通自动驾驶仪的时机,接通自动导航系统的时机。

7)航线上的交接点、分区点及航线各点需要提示的时机、方法、内容。

8)通报场压,进场高度,明确建立航线及穿云实施方法。

9)特殊情况处置协同方法和有关安全规定。

10)掌握进出空中走廊的规定,明确进出廊的方法。

协同的重点在于数据的校对,出、归航的方法,航调要求,安全规定,下滑时机及着陆机场的穿云方法。

(3)外行降落飞行。

1)校对航线、机场、导航台资料。

2)研究航线地形、气象特点,辅助导航设备,飞行规定(禁区、管制区、走廊的规定)和完成任务的方法和措施。

3)恶劣气象条件、发动机故障处置、迷航或较大偏航、无线电设备故障等特殊情况的处置预案。

(4)编队飞行。

相对一般飞行,在遭遇重大灾难或搜索地域面积较大时,同一部署位置的搜救机组会同时出发,编队前往遇险地域,因此还要进行编队飞行。

1)编队飞行的协同是先编队机组之间协同、再单机协同。

2)长机领航员要根据机场条件、飞机数量和起飞、着陆方法,拟定编队集合和解散着陆的方案。在某些情况下,还要根据任务的要求或天气情况,拟定编队疏开或紧缩的方案。僚机领航员按照编队集合或解散着陆的方法,严格控制各阶段的时间间隔,协助飞行员完成编队集合和解散着陆,以及航线上的编队疏开和紧缩。

3)编队航行,由带队长机负责领航。长机除按单机航行的程序准确实施领航外,还应根据需要向僚机通报飞机位置和风的情况。僚机要根据编队飞机的特点,抓紧飞机比较平稳的短暂时机测量航行诸元,并按协同要求或发现航迹有明显偏离时提醒长机。预备长机应按带队长机要求进行各种测算,随时准备率队航行。

4)长机进行方向、高度、速度机动的范围受到限制。为保持队形及飞行安全,长机改变飞行状态时,要先发预领、后发动领。

5)编队飞行常因飞机故障、天气变化等原因改变飞行计划。因此,在飞行准备时,应加强处置特殊情况的研究与协同,预有处置预案。

6)飞行中,僚机应准确掌握飞机位置,随时做好单独飞行的准备,并控制雷达的使用,防止干扰长机,丢失长机时,应立即报告长机,并按规定的安全措施处置。

(5)搜救任务飞行。

1)绞车手和飞行员之间的协同:①明确直升机的悬停高度、速度和方位等;②保持好悬停时的直升机稳定、收放绞车;③改变直升机的悬停高度、速度及方位情况;④驾驶员按照绞车手的指令做好其他方面的配合与改变;⑤共同将遇险人员运送的指定位置。

2)绞车手和吊救员的协同。①吊救员按绞车手的要求明确穿戴装备时机与方法;②吊救员按绞车手的要求明确出舱时机;③绞车手按照吊救员的手势收放绞车;④共同协助将遇险人员送入机舱;⑤配合医护人员进行医疗处置。

3.机组协同的注意事项

(1)吐字清楚、语速均匀、克服急躁情绪。

(2)抓住重点、分明主次、树立安全观念。

(3)提示准确、语言规范、防止差错、给错数据。

(4)督促检查、密切配合、防止丢落协同容。

(5)根据所飞科目练习的不同内容,有针对性地调整协同内容。

三、机组资源管理训练

CRM 的研究与培训对提高飞行安全水平有着重要的意义。对于搜救直升机机组而言训练内容同其他机组一样,主要有交流训练、解决问题训练、服从关系训练、压力管理训练和评论技能训练。希望通过六方面的训练,提高机组整体的工作效率,减少和避免飞行事故的发生。

(一)交流训练

交流是现代机组管理的一个重要内容,良好的交流能给机组以愉快的心情、能够实施高效正确的协同、保证飞行安全并顺利完成既定任务。

1.驾驶舱交流

驾驶舱交流是指用令人愉快和易于理解的方式相互交换信息、思维以及情感的过程,是驾驶舱资源管理的重要部分。搜救机组往往会花费许多时间用于交流,如果机组能够有效交流,搜救工作的效率才会提高,而不良的驾驶舱交流则会削弱机组的整体表现,引起搜救过程的误解甚至错误,并导致较为严重的后果。因此驾驶舱交流的中心任务是提高个体间的交流技能。

交流是一个过程,这个过程中的每个步骤都非常重要,当某个机组成员根据当前的飞行处境认为有必要并且能够和其他机组成员进行交流时,应当发起交流。在产生了交流的需求后,首先是形成交流的信息,然后确定传递信息的手段,并发送信息。在需要的时候,接收方应做出行动或反应。交流发起人在接收到反馈信息后,可检验其需求在多大程度上得到了满足。那么就需要反馈者提供详细的信息,包括思想及情感,以便于交流的持续,直至交流发起人的需求得到完全满足。比如绞车手和飞行员之间的交流,绞车手需要根据搜救的需要向飞行员发出调整直升机飞行方向、距离、高度及速度上的协调指令,飞行员根据其指令操纵直升机完成相应的状态改变,以满足搜救的需要。

(1)简单的交流模式。成功的交流主要取决于形式和含义两种基本要素:①形式。是发出者和接收者必须使用同样的交流语言。句子的形式必须正确而且不能有歧义,此外使用手势和表情可以强调某些信息,甚至可以增加或减少内容;②含义。言语及手势的含义不单取决于词语和正确表达,还取决于语境和环境。如果机组成员处于不同的语境和环境,交流可能会产生一系列的误解。

(2)交流的重要手段。交流的重要手段是聆听和观察:①聆听。飞行环境中造成失误的重要原因之一就在于没有听到一些重要信息,成功的聆听不仅仅是简单的引起关注,而是要积极参与,抓住更多信息、理解内容;②观察。在搜救过程中,绞车手和吊救员之间大部分是用手势来传达命令和意思的,因此不论是绞车手还是吊救员在搜救的特殊环境中都要集中精力观察各自手势,密切配合协同。

2.人际交流

人际技能包括积极听取机组其他成员的意见(或信息)、反馈以及正确表达自己的观点,让每名机组成员都感到自己的价值和责任,自觉提供掌握的重要信息。方式主要有提问、回答、建议、手势等。人际交流主要由发送者和接受者之间的信息交换组成,可能有语言、书写、手势等多种形式。可以是单向的也可以是双向的。与单向交流相比,双向交流具有以下优点。

(1)参与交流的每一方都提供反馈信息以"闭合该交流环路"。

(2)通过系统的提问、再产生或改正的信息,参与交流的每一方都有机会发现并修正出现的交流错误。

(3)双向交流能确保参与方之间共享相同的语境。

(4)有助于建立交流者之间更为紧密的工作关系。

如果要使交流更为有效、明晰,应重视以下几种技巧。

(1)描述出所有的重要信息。

(2)考虑哪些内容便于接收者理解。

(3)预见可能出现的错误。

(4)阐明哪些是你想要对方做的工作。

(5)主动提问确保对方明白意图。

(6)确保对即将采取的行动形成了一致意见。

3.人机交流

(1)标准操作程序。标准操作程序是保证飞行安全不可或缺的条件,标准操作程序的意义在于其最大程度地减小错误风险和增加错误检测概率。当每个人都以标准方式行动,错误就相对容易被检查出来,它使每一个偏差变得相对明显。

标准操作必须是书面文件,它作为飞行准则,必须准确、优化。不应涉及任何理念层次上的内容,而是一种操作层面的程序,应该是实际可行的条款性文件,可以在飞行中切实指导、规范每一个动作。

标准操作程序是对一个过程的描述,不是对一个结果的描述,强调如何以正确的顺序、规范的方法完成,落实每一个关键动作。就是将完成的某一项任务的标准操作步骤和要求以统一清晰的格式描述出来,用以指导规范的日常工作。

(2)检查单。检查单就是以简洁的排列形式、严谨的逻辑程序、精炼的处置要点,以便于飞行机组核实正常情况下操纵飞机的状况,以及处置非正常情况所必须的关键步骤和重点信息。检查单的主要功能在于错误检测,检查单通常不会检测出很多错误,但是被检测出来的错误通常不容易通过其他方式检测到,尤其是可以截获从自然监控过程中遗漏下来的错误。主要包括"正常检查单"和"非正常检查单"两种。

正常检查单通常按照飞行阶段划分,主要用于核实某些关键的程序和步骤已经完成,一般只包括那些如果省略将会对正常操作有直接和不利影响的程序步骤。

非正常检查单的特点是以纠正非正常情况和不利状况的步骤作为开始,包含了飞行延续计划的重点信息。

因此检查单是飞行中机组可以依赖的最重要的指导性文件,是飞行安全的最后屏障。特别在紧急情况下,形势千变万化,选择多种多样,时间又异常紧迫,及时应用相应的检查单,能帮助机组迅速采取合理有序的对应行动,从而化险为夷或者将损失减少到最小。

(二)处境意识训练

处境意识(Situational Awareness,SA)是机组在特定时间段内和特定的情境中对影响飞机和机组的各种因素、各种条件的准确知觉。要提高和保持良好的处境意识,飞行机组必须密切监视、评价、预测和思考飞机状况、航路情况和人员情况等信息资源,并对这些资源进行合理的管理。

1.分类及含义

SA 分为外部处境意识和内部处境意识两个方面。外部处境意识是指机组对影响飞行环境的气象、地理位置、通信等各种外部因素和各种外部条件的知觉。内部处境意识主要包括机组成员的处境意识,以及机载设备和飞行任务对处境意识的影响。

机组成员的处境意识还可细分为个人处境意识和群体处境意识。个人处境意识是个人依照自身的飞行经验,所具备的相关知识以及所承担的飞行职责所获得的处境意识;机组的群体处境意识是指作为一个完整整体的机组所具有的处境意识,是飞行安全的重要因素。

机载设备对处境意识的影响。不同机载设备对飞行人员的处境意识的影响是不同的,先进的驾驶舱设计可以对形成良好的处境意识提供有效的帮助,但也会增加飞行人员的差错率,因此在面对不同的机载设备时应充分考虑其两面性,确保安全。

飞行任务对处境意识的影响。机组在执行不同的搜救任务时,搜救的难度决定了机组人员工作负荷的大小,其承受的工作负荷、工作量和工作难度是成正比的。

影响飞行人员处境意识、水平的因素很多,主要包括动作技能、经验和训练水平、空间定向能力、身体健康状况和态度和驾驶舱资源管理。

2 处境意识丧失或削弱

处境意识与安全有着密切的关系,许多飞行事故都是由于机组缺乏处境意识造成的。而处境意识丧失存在着很多线索,如果机组不能充分认识这些线索可能带来的严重后果,则意味着机组不可能及时采取行动避免灾难的发生,这些线索主要有以下情况。

(1)与既定的目标不吻合,不能获得期望的地面速度,不合理的油耗或不能达到航图所示的巡航性能。

(2)信息含义模棱两可或模糊的语义。

(3)当可靠的系统出现错误时。

(4)无人操纵飞机或无人扫视驾驶舱外部。

(5)机组人员存在冲动的行为。

(6)执着或失神。

(7)注意力分散。

3.建立驾驶舱处境意识的途径

(1)扎实的航空理论知识。扎实的航空理论知识是建立驾驶舱处境意识的重要前提。随着航空科技的迅猛发展,现代飞行器的自动化程度越来越高,飞机和机载设备也越来越复杂。合格的飞行人员要想获得较高的驾驶舱处境意识,必须对飞行中的人、飞机和飞行环境因素有着深入的认识。

(2)加强对各种关联知识的研究。飞机本身是一个多学科尖端科技的集合体,结构复杂、操作繁琐、相互关联,运行环境变化快速多端,所以要想做到对处境的全面认识和预见,必须研究飞机内部结构间的关联、研究飞机与运行环境间的关联等。

(3)要构建缜密的飞行思路。飞行运行轨迹上的每个点都是一处飞行情景,飞行人员处境意识的完整性和预见性还取决于其对飞行运行的理解程度和构建的飞行思路的严密程度。

(4)做好特殊情景的预想。飞行过程不可避免地会遇到不同的特殊情景,这些特殊情景往往会带来危急的环境气氛,如果没有预有准备,是很难正确应对的。

(5)加强对飞行案例的研究。影响飞行安全的因素不尽相同,不同因素稍微变换组合就会产生另外一种完全不同的影响,想要获得更多特殊情况下的处境意识,研究学习飞行案例是一个快捷有效的途径。

(6)思考和总结相结合。处境意识其实是一种触景生情的反应能力,只是知识的掌握是不够的,需要在此基础上进行深入思考和形象的总结才能够使处境意识有所提升。

(7)系统的训练。良好的驾驶舱处境意识是安全、高效完成飞行任务的必要条件,需要采用各种训练手段予以强化和巩固。

(三)解决问题训练

飞行是一项复杂的体力和脑力劳动的综合活动,是一种在机长领导下的飞行机组的集体行为。而机组成员之间是否能够有效配合,特别是在特殊情况下,整个机组都能按照分工有效协作,有条不紊地处理各种情况,是确保飞行安全的关键。

1.差错

机组必须采取防止、监控、警觉和更正的原则管理差错。人在飞行中是有主观能动性的,能够判断自己的处境和意图。而计算机则不然,只会按照固有的程序进行处置。为减少差错,机组应该做到以下内容。

(1)不要超出自己的能力。

(2)安排好优先次序,管理好时间和工作量。

(3)从差错中总结经验和教训。

(4)加强团队协作。

(5)及时分享和学习经验教训。

2.冲突管理

冲突是指机组成员之间对需求或目标不一致的理解而产生的意见分歧,也包括相互不满和较为过激的行为。一般来讲,冲突包括个人内心冲突、人与人之间的冲突、团体内部冲突和团体间的冲突四种类型。需要注意的是,冲突产生的不一定是副作用或破坏作用,这主要取决于处理冲突的方法。如果冲突以一种富有建设性的方式处理,它可转化为对各种观点的充分比较和权衡,从而引起机组的进一步思考,可以较好地定义问题,提出成熟、完善的处置方法。

要有效地处理冲突,关键是态度,要从工作和安全角度出发解决冲突,具体来说可以采取以下策略和技巧,防止冲突升级。

(1)质询-询问:通过客观存在查明事实,质询时通过提问、询问、调查、寻找事实以及原因来收集信息,以便更好地理解每个人的目标、动机、需求以及限制。

(2)辩护-支持:辩护是指参与方通过争辩表明有利于自己的立场,支持并维护自己的观点。辩护时应站在第三方立场,这样使得每个人都不得不考虑他人意见,从而促进协商或达成共识。

(3)反馈-归纳:提供反馈是将从对方处所理解的内容又重复给对方,从而寻求正确结论的一种方法,它对于解决冲突作用不大,但却可以防止曲解观点带来的争论。

(4)信息传递-讨论传递:将信息和讨论在机组成员间进行传递,通过其他成员的分析和解释可以防止冲突扩大。

(5)协商-求同存异:协商是冲突双方或多方试图解释他们每一方准备接受的方案,以避免无效的行动,是一种相互协调的过程。

(6)和解-妥协:通过相互让步达成解决差异的方法,需要相互之间都有所让步。

(7)仲裁-评判:通过引入第三方对问题进行分析,解决冲突。

(8)延迟-搁置:如果可能,在冲突双方冷静考虑后再行讨论以解决冲突的方法。

3.判断与决策

(1)判断。判断是收集有用信息,并界定出在特定处境下信息间的相关性,以及找出解决问题的不同方案并判断出每一个方案之间关联的一种能力。判断是决策的前提,决策则是以判断为基础并导向行动的中介环节。判断可划分为知觉判断、认知判断和直觉判断三类:知觉判断是通过直接感知当前刺激或信息得出的判断;认知判断是通过知识、技能、经验间接推知的判断;直觉判断是指机组在飞行过程中不依赖三段式逻辑推理,直接导向问题解决的思维方式。判断一般包括警觉、发现问题、诊断问题、产生可选方案、风险分析、背景问题、决策和行动等八个步骤。

(2)决策。决策是指在判断基础上从众多的可选方案中确定唯一的方案,定下决心并准备行动的过程。从理论上讲,决策主要包括 5 个步骤:①找出问题;②寻找所有可以解决问题的方法;③对每个解决方案进行评估;④选择解决方案;⑤付诸行动。如果问题得不到解决,则必须从第一步重新开始。

(四)服从关系训练

服从是行动的第一步,处在服从者的角度上就要遵照指示办事,服从的人必须暂时放弃个人的独立自主,全心全意地去遵循统一的行动观念。

1.驾驶舱权利梯度

一个团队,如果下属不能无条件的服从上级命令,那么在共同完成目标时,就会产生障碍,只有有效的领导和服从条件下,才能发挥机组资源管理的作用。在驾驶舱中,机长就是领导,但是这种关系并不是绝对的,参加搜救任务的直升机机组,在实施搜救行动阶段,绞车手就是驾驶舱的领导,其他人必须无条件服从绞车手的指挥。

2.驾驶舱的决策

要做出最有效的决策就要给飞行机组提供决策技能的训练,让机组了解决策的对象、过程以及影响决策的因素。在实际飞行中,要做出良好的决策,必须做好以下几项工作。

(1)收集所有信息,尽可能考虑到所有问题。

(2)评估风险性和时间的紧迫性。

(3)好的决策必须有足够的完成时间做保障。

(4)设定好决策目标并确定优先顺序。

(5)不要试图同时做几件事情的决策,应首先从最紧迫的入手,并确定安全余度。

(6)从团队角度出发,利用所有的资源,合理安排工作强度,可以让其他人或系统分担部分工作。

(7)参考可用程序,如果有现成程序,应直接使用。

(8)充分考虑决策所产生的影响,尽可能考虑到所有涉及的情况。

(9)合理安排时间和工作,赢得时间。

(10)由机长做出最终决策。

3.质询与劝告

质询和劝告是驾驶舱交流的特殊技能。质询是针对特定的处境要求获得观点、意见或建议的过程,质询是驾驶舱资源管理的第一个步骤。

(1)质询。质询有助于使机组成员在所有的时间里都能够从他人那里获得知识和经验,并保持良好的处境意识。尽管所有的训练和努力都是围绕避免人的错误展开的,但从人的错误性质来看,要完全避免人的错误还是不可能的。质询便是通过较早阶段使问题得以暴露,从而减少人的错误的良好行为方式,机组成员应该对质询式的提问方式进行练习,以便审视其他人正在进行的行动、持有的观点和建议。

(2)劝告。劝告是指机组成员针对正在计划要做或将要采取的行动提出自己的意见建议,即以预见的形式陈述他所知道的或认为的事实,这意味着劝告者不仅应该陈述自己的观点,而且还应该坚持自己的观点,直至对方完全接受。劝告是一种责任和义务,是对某种已有观点的支持或反对,而不是故意挑剔,有助于使交流的环路始终保持开放。劝告时,应该陈述自己的观点并通过实施来证实观点的正确性,力求简明扼要,避免不必要的交谈,以免引起歧义或误解。

(五)压力管理训练

压力通常被定义为一种能导致精神紧张的事件或刺激,也可以指人对刺激的主观或精神反应。搜救机组人员在搜救行动中会遇到各种各样的压力,如果不能正确认识和处置,将会影响飞行安全,压力管理训练的目的就是将飞行或生活中的压力控制在中等强度水平上。

1.飞行的适应程度

飞行的适应程度是指飞行人员面临压力时的反应能力和管理能力。压力是避免不了的,适量的压力可以成为工作的动力。相反,就可能造成心理负担过重或工作负荷过高,从而对飞行人员的身心健康和飞行安全造成威胁。一般压力主要有心理性压力和生理性压力两个方面,其并非由环境本身引起,而是人们对环境的理解方式造成的。既然压力不可避免,那么就应该学会应付压力和管理压力。要有效预防和管理飞行中的压力,主要应用以下几种手段。

(1)飞行准备时期,飞行人员应该提前准备应对一切事件所需要的知识。

(2)勤观察,做好处理意外情况的心理准备。例如:起飞时准备中断起飞、着陆时准备复飞。

(3)做好驾驶舱的资源管理:合理分配任务,防止机组人员超负荷工作;超负荷时,应敢于承认并主动寻求帮助;学会识别他人的压力迹象,并予以帮助;决策时应考虑充分再做决定,防止考虑不周;营造良好的工作氛围。

(4)注重健康和保健。健康对思维和生理行为有着直接的影响,健康的身体可以保持安全高效的飞行能力,使飞行人员能够更好地处理生理问题和压力。

2.安全与威胁

威胁也称为危险或危险源,它是指一切不由运行人员自身控制的,增加运行复杂性,提高运行难度,易于造成危害及损失的外部根源或状况。例如恶劣的气象条件、复杂的地形、无线电频率遭受干扰等等。威胁不是错误,但会增加出现差错的可能性,即差错的诱因。要有效应对威胁,飞行机组一方面要加强观察、保持冷静,另一方面要主动思考、加强预想预防,合理分配注意力。

(六)评论技能训练

评论技能是指对所采取的措施行为的分析能力,它随可用时间、资源、信息的不同而有所差异,基本包括事件前分析计划、事件中评审和事件后讲评。评论不仅仅包括寻找消极方面,同时也包括对积极方面的肯定。

1.事件前分析计划

事件前分析主要是针对指定的行动计划、预案进行分析,分析应具有预见性、科学性和合理性。分析计划主要是指预先准备和直接准备两个阶段,它主要包括制定行动计划和预先准备决策两部分内容。在这两个阶段中要预想飞行实施中可能出现的各种情况,做好处理意外情况的心理准备。

2.事件中评审

在飞行实施过程中,要严格遵照标准操作程序进行。出现特情时,不管选择什么方案,安全需要是首选,风险判断是重点。有时,机组遇到的问题在航空条例、最低设备放行清单、操作手册和检查单上都查不到,这时机组只能利用自身的知识和经验来创造性的解决问题。在事件发生时,机组人员的配合十分重要,一定要做好交叉检查,这是加强个人和团队监控的标准安全惯例。交叉检查或监督其他人员的行为动作就是利用冗余系统防止人为差错的一种飞行方式,CRM 强调的就是机组成员作为一个整体工作,从而保证机组不至于因个人失误导致整体差错。

3.事件后讲评

飞行任务完成后或事故发生后,都应进行讲评。飞行后讲评是飞行四个阶段的最后一个阶段,对于飞行来说,这是一个明确技术是非、分析技术问题、寻求解决措施的关键步骤。但有的机组对讲评重视不够,对存在的问题也剖析的不透,造成简单的技术问题久拖不决,直至形成孤僻动作难以纠正。

第二节　直升机搜救基本流程

一、搜救任务组织流程

搜救直升机机组的任务组织一般由机长或救生教官以上的空中救生员负责,执行一次搜救任务一般包括接收指令、制定行动计划、实施现场搜救和撤离返航 4 个阶段。

(一)接收搜救指令

不同国家或地区的组织体制在接收搜救指令时的具体执行流程并不尽相同,一般包括遇险对象警报收集、搜救协调中心(分中心)响应、搜救实施机构响应以及搜救平台响应 4 个主要方面。

1.遇险对象警报收集

作为指令的最初需求端,一般是由各类型报警台具体负责,主要负责对遇险时间及位置、遇险人数、遇险性质、联系方式等信息的收集,在收集完成后就近上报给负责区域的搜救协调中心。

2.搜救协调中心(分中心)响应

作为搜救任务的主要筹划端,搜救协调中心主要对收集到的信息进行分析,研究遇险对象的分布区域和搜救力量的需求及来源,并对区域附近的气象、地形和设施等要素信息进行汇总,在明确搜救力量需求和任务分配方案后,迅速对接搜救实施机构。

3.搜救实施机构响应

作为搜救任务的任务协调端,搜救实施机构在日常主要负责对搜救平台的维护、搜救人员的训练、搜救负责区域的研究工作,在搜救任务组织时主要任务是确定搜救任务平台、任务机组构成、搜救信息的收集和传递等工作,同时还要为搜救平台提供搜救过程中涉及的油料、技术和装备等相关保障。

4.搜救平台响应

作为搜救任务的最终实施节点,搜救平台响应主要是指受任务机组领搜救任务指令,明确任务的内容、性质和遇险人员情况等一些可知信息,收集任务相关区域的气象、地形和危险源等相关资料。

例如,目前在我国某海域遇险后接收指令的组织过程一般是:遇险单元→海上搜救中心→某救助局的飞行队→搜救直升机机组。

(二)制定行动计划

受领任务后,任务机组应该迅速就现有情报信息进行协同,主要包括对信息的安全评估、紧急情况下的应急处置行动。同时要对收集到的信息进行分析整理,尽量对行动计划进行完善,对预先制定的行动计划预案进行针对性修改,主要包括确定飞行航线、预判营救方法、救护措施和人员转运计划。

1.安全评估

安全评估是机组成员在出发前对所获得的信息进行综合分析和判断,包括已经掌握的有关飞机或待救人员位置及状态的情报信息、环境威胁、危险源威胁等,做出威胁程度的判断,找准影响任务完成和危及飞行安全的关键环节,并以此制定计划、做出决策、预想预防。在陌生区域执行任务、机组人员临时变动时,必须做出评估,每名机组成员都有安全评估的责任,机长应全面考虑机组成员的建议。

2.应急处置行动

应急处置行动作为机组日常训练的一项主要内容,流程和处置方式都相对明确,受领任务后的协同主要是指在已经收集到的信息基础上的针对性协同。比如根据现有情报得知,搜救区域风力较大,那么在吊救过程中容易出现钢索大幅摆动,这时机组就应针对此特情进行针对性的应急处置协同,再次熟悉处置行动的流程、方法和协同要点。

3.飞行航线

飞行航线作为到达搜索地域、开展高效搜索、实施精准拦截和快速后送转运的基础,是行动计划指定的重要内容,主要由机长和副驾驶负责制定,但是在对搜索航线规划时应重点参考空中救生员,尤其是绞车手的意见建议,根据遇险对象分布情况科学确定搜索航线;在规划后送转运航线时应主要考虑医护人员的意见建议,根据遇险人员伤病情况合理确定具备相应救治能力的机降点位置。

4.营救方法

就直升机来讲,营救方法可分为机降救援、吊救救援、标定遇险位置和空投生存物资等。就救援的效率和风险因素考虑,机降救援最为有效,可安全、快速的将遇险人员回收并后送。但复杂地形(丛林、水域等)可能不具备机降条件,这时可考虑采用吊救救援方式实施救援;但是在遇险地域环境过于恶劣或其他因素导致无法吊救时,可考虑采用标定遇险位置、投放生存物品等手段,为地面搜救力量的救援提供支撑。

5.救护措施

对于不同状态的遇险人员,需要预先根据其状态研究救护措施,从预先处置、吊救防护、应急救护、途中监护和后续诊治等都要制定具体的方案,而且还要考虑其情况恶化的特情处置程序和方法,在搜索时间较长时更要重点考虑遇险人员状态恶化的问题。除身体状况外,还应对遇险人员可能出现的精神问题预有准备。

6.人员转运

不同身体和精神状态的转运需求不同,轻伤及一般患者由随机医护人员处置后对后送的时效性要求并不高,但是危重患者需要及时送院治疗,这时应充分考虑直升机剩余航程、具备救治能力的医疗机构位置等因素,选定最佳航线、最近医疗点、最优机降点,在无法直接送到医疗点时还应制定接力转运计划。

(三)实施现场搜救

到达搜救地域后,搜救机组应立刻根据现场协调人和航空器协调人的指挥,按照预定计划实施航空搜救的现场行动。主要工作包括遇险对象搜索定位、回收或协助回收遇险人员或为遇险人员提供救助的行动。

1.遇险对象搜索定位

搜索按照地区可分为地面搜索和海上搜索两类,地面搜索又可分为极地搜索、沙漠搜索、丛林搜索和高山搜索等;搜索方式可分为目视搜索和无线电搜索等,无线电搜索又包括救生电台搜索和信标搜索。通常情况下搜索定位方法是根据指令情报位置确定大体方位,直升机飞临该地时,利用机上搜索设备和目视手段搜索被救人员。标准的搜索程序是确定搜索基点、搜索区域、搜索间距、搜索速度和搜索模式五个方面。其中搜索基点和搜索区域一般由搜救协调中心确定,而搜索间距、搜索速度和搜索模式由机组的绞车手根据现场情况确定。

2.遇险人员回收

搜救直升机回收遇险人员最简单的方式是机降救援,但在复杂地域或水域时,只能通过悬停吊救回收遇险人员。悬停吊救行动一般由绞车手指挥,机组人员都要根据绞车手的指令实施行动,吊救员根据遇险人员的具体情况选择担架、吊篮、吊椅和吊带等吊救装备和吊救手段,在绞车手的协助下实现遇险人员的回收。在吊救实施前,吊救员应根据经验或者医护人员的建议对受伤的遇险人员进行应急处置,防止其在吊救过程中造成二次损伤。

3.遇险人员救助

遇险人员救助包括两个方面的内容:①当遇险人员受伤时,在回收和转运过程中吊救员和机组医护人员应该为其进行包扎、止血、固定、输血、输液和健康监护等;②当搜救机组无法将遇险对象回收时,可为其提供食品、水、保暖等生存和救生物品,为其提高生存能力等待后续救援提供保障。

(四)撤离返航

撤离返航是搜救机组在完成搜救任务或因困难无法完成预定任务后,离开任务区域后送遇险人员、返回出发地域或重新准备搜救行动的过程,主要包括伤病人员后送和重新计划两方面的内容。

1.伤病员后送

如果救援顺利,完成预定搜救任务后,搜救机组按照计划将回收的遇险人员转移到后方安全区域并返回出发地域。主要工作是保持稳定飞行、合理规划返程航线、在途中对遇险人员的健康状况进行监控并进行相应的医疗处置。将遇险人员送到医疗点后,随机医护人员应和交接医护人员做好病患的交接工作。

2.重新计划

如果救援遇到困难,导致无法完成预定的搜索或营救任务时,机组应果断终止搜救任务并撤离,研究其他方法再次组织搜救,避免盲目、蛮干甚至危及飞行安全。在这个过程中,机组人员应全面收集现场情况,如果没有搜索到遇险人员,那么应及时反馈给搜救协调中心重新进行搜救区域分析;如果搜索到遇险人员而无法实施营救,应重新研究营救方案,并向搜救指挥中心给出相应建议。

二、机组的准备及飞行

1.飞行前

机组的飞行前准备分为预先准备和直接准备。飞行预先准备是组织飞行的重要环节。飞行预先准备阶段的飞行签派工作,应当充分准备,预计到可能发生的各种复杂情况,拟定飞行签派方案,保障飞行任务的顺利完成。对于搜救机组而言,预先准备不同,每次都对搜救内容进行预先准备,需要在预先准备中体现搜救准备的工作主要有以下时机:①在非本机组的常驻基地飞行;②与非本机组的飞行人员搭配飞行时;③飞行环境发生较大变化的其他情况;④在机长认为有必要时。

除预先准备外,搜救机组在直接准备阶段的内容相对较多,主要包括以下几项内容:①绞车手在飞行协调前应做好板书,明确本次飞行的目的、机组成员、职责分工、携带装备、具体任务等内容,而后机组根据飞行协调的要求携带所需装备进场;②进场后绞车手对乘客进行安全讲解,检查乘客登机证和签署《风险告知书》。按照机载装备清单检查机载装备情况;检查滑动舱门是否开关顺畅。检查防水槽是否安装牢固。需要绞车作业时,检查飞机上是否安装相关设备。发动机点火前,座舱内需要连接耳机线的人员要完成连接。确保座舱内的机组人员按指定位置就座,确认其安全带扣好系紧。安全带准备好后给前舱口令。吊救员协助进行交叉检查,防止差错。

2.飞行离场

在飞行离场阶段机组工作主要有以下6项:①滑行前,吊救员确认轮挡撤除(通常通过手势告知并确认),守听无线电,观察周围障碍物;②直升机地面滑行时,绞车手应在机舱门处观察周围障碍物情况;③直升机左转/右转前,机长发出"左转,尾桨向右"/"右转,尾桨向左"的口令,绞车手目视检查右侧障碍物情况;④确认安全后回复,口令为"可以向右"/"可以向左";⑤副驾驶做起飞点检查时,绞车手目视检查机舱内全体人员安全带是否锁好系紧;⑥检查完成后,绞车手给出"准备好"的手势,得到回复后,确认舱门关闭锁好,发出"后舱准备好"的口令,准备起飞。

3.出发巡航

飞机起飞后救生员应负责打开 GPS,为方便接收卫星信号,通常将其天线固定在机长舱门玻璃上方,信号不良时,可做适当调整,检查开机信号良好后,可将 GPS 交机长正常使用。除此之外,在接近搜救地域的过程中,机组需要使用卫星电话和后方指挥所、现场指挥所等机构和相关人员建立联系,该工作主要由吊救员负责。在联系时,吊救员应与机长充分沟通,组织好语言,做到简明扼要,必要时可做笔录,而后按照操作流程进行卫通准备,确认各导线连接正确。在通话过程中要详细记录通话中强调的经纬度、时间节点、通信频率、船舶编号等内容。通话完成后,向机组转达信息,确保内容正确。

三、现场搜救及返航

(一)接近目标

在距离目标前 20 n mile 时,绞车手应与非操纵飞行员完成"目标前 20 n mile 检查"检查单,采用问答的形式完成。协调部分由机长完成。目的主要是确认发动机性能参数及各系统功能处于正常可用状态,并对本次飞行的方法和燃油使用情况做出整体规划。

绞车手与副驾驶执行"目标前 20 n mile 检查单"后,绞车手对救生员进行装备检查,重点检查内容有:救生员吊带各锁扣是否锁好系紧;快速脱离器是否锁好系紧;救生员逃生气瓶是否打开;救生员信标是否处于预备位;救生员对讲机是否工作正常;救生员携带的高绳是否准备妥当。

到达搜救地域后,通常机长在接通飞行指引仪(Flight Director,FD)的情况下,主要负责观察右前方障碍物和水面的目标,在 FD 不工作的情况下,应该至少用 50% 的精力来操纵直升机;副驾驶在监听无线电的同时,主要负责观察左前方的障碍物和水面的目标;绞车手观察正右侧和右后方的障碍物和水面目标;吊救员观察正左侧和左后方的障碍物和水面目标;医护人员负责加强阳光来射方向的观察。如果有特殊情况,应按照绞车手的要求确定各自的观察方向。

(二)绞车作业

绞车作业主要包括作业前检查和绞车作业两部分内容,绞车作业由于相对复杂,在第五章第三节会有详细讲解。这里主要介绍作业前检查内容,主要包括高空侦察、3H 检查、方法协调等。

1.高空侦察

高空侦察主要由绞车手完成,是指在 90 m(大约 300 ft①)高度左右确认吊救的区域位置;分析吊救区域及周边区域对飞机的威胁有哪些(重点分析天线、鸟和树等);判断可能对吊救员产生的威胁有哪些(重点分析浪、风和地面障碍物等);判断周围环境是否适合吊救;分析进近路线上的空间是否满足此次吊救。

---

① 1 ft=0.340 8m。

2.3H 检查

3H 检查主要是指"Hazards, Height, Heading"3 个英文代表内容的检查,因为其首字母都是 H,故称为 3H 检查,主要由飞行员具体完成该检查:Hazards——危险检查,即核对并重复绞车手观察到的威胁,有遗漏时应予以补充;Height——高度检查,检查飞机的高度,一般情况下人员的陆地吊救在 10~15 m,海上吊救不低于旋翼的直径的高度,有障碍物时,应根据绞车手的指挥适当提升高度;Heading——航向,检查飞机的航向。

3.方法协调

方法协调主要是确定以什么形式进行吊救行动,并对相关细节进行分析确认,主要由绞车手负责协调和确认,主要内容包括:①和吊救员协调并确认采用什么装备实施吊救;②和飞行员协调并确认吊救起始点、作业高度、行进路线、修正轴线和撤离的路线。

(三)返　航

救助任务结束后,根据被救人员数量和伤病情况,合理安排人员座位,力求重量分布平衡,防止重心偏向一侧;带吊瓶登机的被救者登机后,应将其正在使用的医用吊瓶固定好;伤员登机后,由于身体的疼痛或者精神的恐惧,容易产生激动情绪,医护人员应关注伤员避免其做出一些危险举动。为了稳定伤员情绪且保证飞行安全,可适当安慰或必要时采取强制措施,让他们耐心等待直至直升机落地后进行救治。

进场后,机组根据伤员情况,由机长决定先转移伤员还是先关车:如果决定转移伤员,可保持右侧滑动舱门对正救护车停放方向,由绞车手用手势通知机务放轮挡,医护人员和救护人员转移被救人员离开直升机至安全区域。人员撤离后,通知机务撤轮挡,直升机继续滑行到指定位置,放轮挡,清洗发动机关车;若决定先关车,则由绞车手用手势通知机务放轮挡、清洗发动机,关车后医护人员陪同被救人员离开直升机。

任务结束后,如果座舱内部被油污污染,绞车手通知值班机务,负责清洁工作;如果座舱内部被血液、组织液等污染,由医护人员负责清洁、消毒工作;如果救生吊带、担架等装备被油污、血液、组织液等污染,由装备室或吊救员负责清洁消毒工作;个人使用后的下水装备、高绳、担架等由本人负责清洗整理,清洗后的装备统一晾晒在装备室指定区域,晾干后及时整理妥当。

第三节　安全要求及遇险生存

一、人员登/离机

1.人员登机

图 4-1 为飞机危险区域示意图,机头正对方向为 12 点方向,机尾正对方向为 6 点方向,飞机右侧正对方向为 3 点方向,飞机左侧正对方向为 9 点方向。颜色区域均为直升机危险区,区域大小根据不同机型略有不同,一般情况下应长于机身长度、宽于旋翼直径,其中尾桨、头部最为危险,因为高度较低,有可能打到人员头部。人员进入直升机时

应按照图示,严格遵循以下要求。

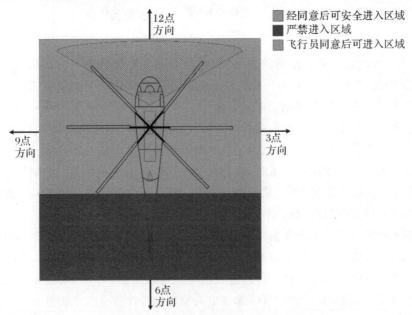

图 4 - 1 直升机危险区域示意图

（1）准备登机的人员应按照机组人员要求,保持与飞机的距离,始终处于直升机危险区外部,经飞行员许可,等待机组人员指示后方可在引导下有序登机。

（2）登机人员不得从飞机 12 点钟方位处靠近飞机。穿越飞机头部危险区,必须征得飞行人员许可。

（3）直升机的尾部位置处于机长视线盲区,无法观察到人员移动,因此严禁所有人员从飞机 6 点钟方位靠近飞机。

（4）登机时应由救生员引导,准备好登机后向绞车手或机长报告,经机长同意后,登机人员方可在吊救员的引导下从飞机的 3 点钟或 9 点钟方位登机。

（5）登机人员不得携带无附着物品。例如:没有系带的帽子、围巾、塑料袋等。必须携带的物品应交给机组人员,或由机组人员指引,由专业人员携带,进入机舱。

（6）一切地面行动应经过机长的许可,由机组指挥、引导、调配。

2.人员离机

直升机落地后,绞车手和吊救员在合适时机解开安全带,分别到达舱门左右两侧,其他人员不可解开安全带,依旧位于舱内位置。飞机停稳后给机务人员摆轮挡的手势,在轮挡摆好后,绞车手可以请示机长打开舱门并锁稳。绞车手在观察确认无误后可开始人员离机程序。离机时需要注意以下问题。

（1）出舱时机由绞车手负责确认,在绞车手不在位时由吊救员负责。

（2）舱内人员在接到指令后,方可解开安全带。

（3）舱内人员应按照指示从直升机的正 3、9 点钟方向离开。

（4）绞车手负责协助人员离机,防止离机时摔倒、跌落。

（5）吊救员负责引导第一名离机者到达安全区域，其余人员依次跟随。

（6）引导人员应确保人员都远离飞机危险区域，到达安全位置。

3.救生人员出入机舱

救生人员在出发前需要准备救生装备，返回后需要协助遇险人员离机，因此一般不会和飞行人员同时登机，而且由于工作需要可能会在开车状态下频繁出入机舱，安全隐患较大，需要严格遵守以下原则要求。

（1）在救生人员准备工作时间较长时，飞行员可以先开车，救生人员后进舱。

（2）在未经飞行人员许可前，救生人员不得随意接近正启动的直升机。

（3）救生人员在需要接近飞机时，应首先目视飞行员引起其注意，在确认飞行员看到自己时，救生人员给出手势提示，请示进入机舱，得到飞行人员手势同意后，方可从安全方向（正3,9点钟方向）进入机舱。

（4）在救生人员给出请求入舱手势，而飞行员没有给出同意入舱手势时，救生人员不得擅自行动，应继续在安全区域等待。在和飞行员重新建立目视联系，并得到同意手势后，方可从安全方向（正3,9点钟方向）进入机舱。

（5）在携带长条形的物品时，应确保在出入舱时保持物品呈水平状态。

（6）在离开机舱时，同样要征求飞行人员的意见，得到允许后方可从安全方向（正3,9点钟方向）离开飞机。

二、人员安全措施

1.安全带

人员入舱后，按照救生人员的安排就坐。人员在座椅上坐稳后，应按照以下步骤连接安全带并进行舒适性调整。

（1）用两手从两边拿起安全带，将没有金属扣件的一端，顺沟槽和孔穿过金属扣件，就像人们平时拴皮带一样。

（2）一只手按住金属扣件，一只手拉住织带，直到拉紧为止，不要留下间隙，可以移动上身和臀部，使其紧靠椅背，拉好安全带，使其系紧。

（3）从感觉上来说，系上时既不可勒得太紧，也不宜太松。

（4）解开时，适当收腹，用一只手拿牢释放装置，另一只手推动释放扣，安全带就立刻松开了。

2.航空救生衣

航空救生衣主要为涉水飞行时紧急情况下的求生设计，是搜救直升机机组的专业装备。航空救生衣一般会配备机组成员特需的水下应急逃生气瓶、应急信标、海事对讲机、口哨等专业设备，如图4-2(a)所示，可配套完整的紧急呼吸系统；按照正常穿衣方式穿上救生衣，拉好拉链并扣好卡扣，调整后背的松紧带，机组人员可相互帮忙，调整至穿着者深吸一口气，腹部与救生衣卡扣一拳距离即可；穿着过程中注意充气拉手，在正常情况下或在机舱内严禁拉拽，只有当遇到危险，紧急迫降到（海面,水面）人员撤离飞机后才可触发,触发方式为手动。

一般来讲,航空救生衣设计都会排除不正确穿着的可能性;有两个独立气囊,并提供应急吹气机构,该机构便于穿着使用,且不与穿着者的脸或身体相互影响;机械充气机构,成人使用者未经事先教学便可手动向每个气囊充气;可在−40～60℃温度范围内正常使用,在充满气后,救生衣能够在 5 s 内纠正水中穿着者脸朝下的姿态;航空救生衣有一个满足适航要求的位置灯,与水接触后,可自动工作(发光),该灯工作时间不少于 8 h。

为保障使用时能够在紧急情况下顺利打开,穿着者应保证注意拉手位置,保证在闭眼状况下能够迅速摸到机械式充气拉手。落水后,如果在水面时,直接拉动即可。在机舱内遇到紧急情况,机舱进水时,应等待机体稳定并从舱内逃离后再拉动拉手。在救生衣充气后,尽量避免靠近倾覆的飞机,防止飞机断裂处或尖锐处割破/戳破救生衣气囊,如果无法避免接触,应格外注意。具体来说救生衣的使用应格外注意以下事项。

(1)救生衣应该在离开飞机后充气。主要原因有以下几种:①救生衣充气,会很臃肿,撤离时相互拥挤,堵塞过道、出口,影响撤离时间;②充气后的救生衣易被尖锐物品划破,漏气,失去救生功能;③如果飞机进水,救生衣会使得人漂在客舱内,甚至顶在机舱天花板上,难以逃离。

(2)救生衣应穿在所有衣服最外面,如图 4-2(b)所示,否者无法正常使用。

(3) 救生衣只有在紧急情况时才使用,而且除非情况所需,不要尝试穿救生衣游泳。

(a)   (b)

图 4-2 航空救生衣的结构与穿戴

(a)航空救生衣的结构;(b)航空救生衣的穿戴

3.救生筏

救生筏也叫救生艇,是当直升机在水面应急迫降时使用的救生装备。救生筏平时不充气,一般折叠包装好以后储存在直升机后舱位置,需要时可立即取出并充气使用。使用时,应首先检查旋翼是否停转,防止旋翼打破救生筏;其次,应检查海面是否有障碍物,防止救生筏展开时碰到障碍物被扎破;再次,检查救生筏是否完好。

在救生筏使用前,好绞车手应首先控制好后舱人员的秩序,防止慌乱;吊救员抛放后舱左侧舱门,同时副驾驶飞行员抛放左侧前舱舱门;而后后舱人员按照要求解除救生筏的固定,并抛入水中,用力拉开;如果救生筏翻转,要尽快扶正;救生筏在充气完毕后,所有人员都应一起快速检查救生筏有无漏气或破损;如果漏气,应利用随船的装备快速修复;如果无漏气、破损或修复完毕后,机组按照吊救员、乘客、医护人员、副驾驶、绞车手和机长的顺序登筏,如果有人员受伤,应按照吊救员、医护人员、伤病人员、乘客、副驾驶、绞车手和机长的顺序登筏;有人员溺水时,将其救上救生筏后,可采取跪姿将其脸朝下腹部放在膝盖进行控水,或者抱起头向下,水控出后进行心肺复苏。

登筏后人员要对角坐好,保持平衡;救生筏有顶棚时,应在人员上齐后,尽快撑起顶棚避免海浪卷起的海水;在救生筏内应脱掉湿衣服,并尽量干燥衣物,保持救生筏内部干燥;应急信标不要同时开启,应逐个开启,以便为救援力量提供更多的搜索时间;合理安排人员观察海空情况,若发现救援力量,可使用救生筏上配备的求生反光镜或光烟信号管等精确示位装备,标明自己位置。

除精确示位装备外,救生筏一般配备如鱼钩鱼线、淡水及雨水收集器、海水淡化器和海锚等用具,应该合理利用这些用具收集食品和水源。机长对现有的食物及水源进行合理分配,淡水应在遇险后 $12\sim24\ h$ 合理饮用,食物也应防止过多食用;如无淡水,可从海水净化器、雨水或海洋生物体内获取,如鱼肉、鱼眼、鱼脊骨等,但要避免过多食用鱼肉,因为鱼肉含有大量蛋白质,过多食用需要大量水分分解,造成不必要的水分消耗;有条件时,应尽快吃晕船药,防止呕吐带来的脱水。

4.危险品管控

在飞机上,使用中的电子装置会干扰飞机的通讯、导航、操纵系统,以及飞机与地面的无线信号联系,尤其在飞机起飞下降时干扰更大,即使只造成很小角度的航向偏离,也可能导致机毁人亡。因此所有机组人员及成员、伤病人员的手机及电子设备在飞行过程中都应关闭或置于飞行模式。除手机和电子设备外,机舱内部是相对密封的,烟火容易发生火情,所以必须禁止携带易燃易爆物品,且禁止吸烟。尤其在搜救直升机上有伤病人员时,吸烟不仅有安全隐患,而且严重污染机舱环境,对伤病人员有着严重的影响。

三、直升机水下逃生

直升机由于其特有的吊救能力经常被用于水上搜救行动,因此机组必须做好在水上遭遇特情的充分准备,任何涉水飞行都必须充分考虑到落水的可能性。在飞行前应熟知逃生出口以及逃生方法,穿戴并熟练掌握有关的装备。要有自我保护,包括保暖、受伤生存等因素预先设想的心理准备,具有强烈的求生欲望。

1.入水前

在直升机发生故障或遭遇特情需要在水面迫降时,在舱内应按以下动作步骤处置。

(1)救生人员解开自己在机舱内的移动安全带。

(2)迅速坐到指定好或靠近有应急抛放功能的舱门/窗边的座位上固定好自己的座椅安全带并扣紧绑带。

（3）一只手搭在应急抛放的舱门/窗开关上。

（4）做好迫降的防冲击姿势，如图4－3所示。

图4－3　迫降防冲击姿势

2.入水后

入水后要保持冷静、防止慌乱，不要急于处置，首先要注意观察，而后再在舱内按照以下步骤进行处置。

（1）等待直升机旋翼停止转动，直升机稳定，确保水面波浪引起的直升机摆动最小。

（2）一只手拔出应急气瓶的咬嘴，咬在嘴里。如果机舱进水需要在水中完成此动作，应首先对咬嘴内部吹气，以排除多余的海水，然后再吸气。

（3）另一只手迅速拔掉头盔耳机通话连接线，并解开自己的座椅安全带。

（4）迅速抛放应急舱门/窗，单手无法完成时，两手同时用力抛放。

（5）指定的人员在应急舱门/窗打开后，迅速抛放救生筏。

（6）向着已抛放的舱门/窗迅速撤离并浮向海面，其余人员先利用舱门逃生，到水面稳定后再寻找并登上救生筏。

（7）到达舱外后一手高举保护头顶，另一只手护住自己的救生衣，并向海面有光亮处上浮。

（8）到达海面以后，环顾四周情况，仔细观察确保周边环境安全，确认没有尖锐物体后，打开救生衣。

3.注意事项

水下逃生时，由于环境变化剧烈、人员承受心理压力巨大，因此一定要保持头脑清晰、情绪不要激动，注意以下事项冷静处置。

（1）要等待直升机在海面上停稳。

（2）要沉着冷静，按照抛放舱门人员、抛放救生筏人员、抛放其余人员的顺序有序地依次撤离。

（3）不要忘记携带救生筏。

（4）不要过早抛放掉舱门/窗，防止海水涌进、加速飞机下沉。

（5）不要在舱内打开救生衣，一定要出舱到达水面位置后再打开。

四、水面求生

如果直升机没有配备救生筏,或因迫降时处置不及未及时携带救生筏,在水上遭遇险情时就需要个人和机组熟练掌握水面求生技能。

1.待救姿势

遇险后如果只有一人生存,则应该采取减少热量散失的姿势,将两腿弯曲、尽量收拢于小腹下,两肘紧贴身旁夹紧,两臂交叉抱紧在救生衣胸前,仅有头部露出水面。可最大限度地减少身体表面暴露在冷水中,减慢体热散失速度。使头部、颈部尽量露出水面,还可保持视野,避免伤害;如果有多人生存,首先应想办法尽量聚集在一起。而后多人紧抱在一起,尽量团成一团,保护热损失大的关键部位,从而减慢身体冷却速度。采用这种姿势时,应将老弱病残幼人员围在中央,可起到保护和更好的保温作用。当救援船或者飞机出现时,受困人员彼此挽住胳膊,用脚使劲踢打海水,造成大面积水花,便于救援人员发现。

2.注意事项

(1)落水后应保持个人保暖或者多人抱团姿势,避免游泳等不必要的体力消耗,不要试图追赶航行中的船舶。

(2)有能力的人员应救助同伴,会游泳的人,如果离岸较近、水势平缓可向岸边游泳以求自救。水性不是很好的人员,要注意尽量不要游到他人附近,避免被不会游泳的人抓住不放,而耽误自救。

(3)在水中千万不能脱衣服,因为吸足水的衣服对人的体温有一定保护作用,完全湿透并紧贴身上的衣服虽然导热性和水相差无几,却能大大减缓体温下降。因为落水者身体表面与衣服之间是一层较暖的水,而衣服又能阻止这层暖水与周围冷海水的交换对流,但要注意的是,这种保护作用只有在静止不动时才生效,所以在离岸较远时,必须杜绝不必要的游泳和脱掉衣服游泳。

(4)在水中漂浮感到疲倦想入睡时,必须设法保持清醒,坚持时间越长,获救的机会就越大。

(5)当没有救生衣时,应利用周围能及的一切漂浮物,如无漂浮物,可将外裤脱下,两个裤脚扎紧,迎风灌满气后将裤腰扎紧,可以作为临时漂浮用具,可不断向裤子上浇水防止内部气体过快流失。

3.危险情况处置

(1)海洋生物袭击处置。遇水母应尽量远离或游向水流上游,为避免遭遇鲨鱼,应减少游泳从而减少汗液挥发引来鲨鱼。遭遇鲨鱼时,不要盲目游离、不应主动攻击,可释放驱鲨剂,没有时可采用把头埋入水中尖叫或猛力拍击水面等办法给鲨鱼造成惊吓刺激使其离开。

(2)遭遇受伤人员。救助时动作应舒缓,尽量避免大动作救助。

(3)遭遇溺水人员。可从身后抱住,一拳抵住心窝,用力向斜上方挤压,排除灌进体内的水,然后一手托住后颈,最大限度进行心肺复苏。

(4)遇到抽筋时。要保持冷静、深吸气、把头埋入水中,抓住抽筋脚的脚趾,向后掰,同时向前用力蹬腿直到把筋拉开。

五、迫降紧急情况处置

1.迫降着陆

迫降着陆应急处置见表4-1。

表4-1 迫降着陆应急处置

阶 段	机长处置	绞车手处置	吊救员处置
迫降着陆前	命令"准备迫降着陆",在60 m高度时,命令抱紧身体	收到。打开并锁住右侧舱门。采取迫降位置,系好安全带,打开PLB(个人信标),抱紧身体	收到。打开锁住左侧门,系好安全带打开PLB(个人信标),抱紧身体
迫降着陆后	命令"撤离飞机"断开内部通信,松开安全带,撤离飞机,滚动呼叫	收到。断开内部通信,松开安全带,撤离飞机	收到。断开内部通信,松开安全带,协助他人一起撤离飞机

备注:

1.如果紧急情况发生在低空,机上所有人员立即做好迫降准备(无需命令)。

2.由于存在起火的危险,幸存者要离开直升机附近,尽快向上风头移动。随后在机长的决定下,机组人员可以回到直升机收集应急设备

2.水面迫降(动力失效)

无动力水面迫降应急处置见表4-2。

表4-2 无动力水面迫降应急处置

阶 段	机长处置	绞车手处置	吊救员处置
水面迫降前	口令"水面迫降,水面迫降,准备水面迫降"。低于75节打开浮筒,在60 m时,口令"抱紧身体,抱紧身体"	收到并确认浮筒准备好,打开并锁住右侧门,系好安全带,准备迫降,抱紧身体	收到。打开锁住左侧门,系好安全带,通知其他人员抱紧身体,口令"抱紧身体,抱紧身体"
水面迫降后	断开内部通信,松开安全带,撤离飞机,救生衣充气,登救生筏	断开内部通信,松开安全带,协助其他人员撤离飞机,救生衣充气,救生筏充气,登救生筏	断开内部通信,松开安全带,协助其他人撤离飞机,救生衣充气,协助其他人登上救生筏
救生筏上	监督,点名	发射遇难信号	监督其他人,实施急救

备注:

1.如果紧急情况发生在低空,机上所有人员准备迫降(无需口令)。

2.如果有救生筏,绞车手将负责决定其位置和抛放。

3.为了避免登上救生筏的困难,要考虑延缓充气或后排人员的救生衣延缓充气

3.水面迫降(有动力)

有动力水面迫降应急处置见表4-3。

表4-3　有动力水面迫降应急处置

阶段	机长处置	绞车手处置	吊救员处置
水面迫降前	通知机组。低于74 kn,打开浮筒,在水面上悬停	收到并确认浮筒准备好,打开并锁住右侧门,告诉飞行员低高度悬停	收到。通知其他人,打开并锁住左侧门
撤离飞机	口令"撤离飞机,撤离飞机"。保持低高度悬停,给绞车手足够的时间清理飞机,看到绞车手离开飞机后,把飞机带到安全的距离,断开内部通信,飞机水上迫降,松开安全带,撤离飞机,救生衣充气,游到救生筏上,上救生筏	收到。协助其他人离开飞机,通知飞行员所有人都已经离机,关断内部通信,松开安全带,救生衣充气,先登上救生筏,协助其他人登上救生筏	收到。切断内部通信,松开安全带,带着救生筏在其他人前撤离飞机,救生衣充气,救生筏充气,登上救生筏
救生筏上	监督,点名	发射遇难信号	监督其他人,实施急救

备注:
1.当有救生筏时,绞车手负责操作。
2.直到直升机离开此区域救生筏才充气。
3.为了避免上救生筏的困难,要考虑延缓充气或后排人员的救生衣延缓充气

六、直升机静电的克服

摩擦和静电感应都能使飞机带电。当飞机靠近带电的云层时,飞机上靠近云的一侧就会感应产生与之相反的电荷;此外,由于发动机排出的废气中,正负离子不平衡也可使飞机带电;而且高速旋转的旋翼与空气或排气道废气中的分子电子不断发生快速的接触分离(摩擦),使机体产生并积蓄电荷,都可以产生摩擦起电的静电,其危害主要有以下五方面。

(1)干扰无线电。飞机飞行时,静电起电和放电过程对飞机上的无线电设备产生严重的射频干扰,特别是对中、长波导航系统的干扰尤为严重。飞机在飞行过程中,静电不断产生、积累,使飞机电压上升。当电压达到足够高时,在机体突出部位的周围空间形成的电场强度超过了空气的击穿场强,不断向空间发射频带宽度达 10～20 MHz 的无线电波。不但对机上无线电通信产生杂音干扰,而且对导航系统产生干扰。

(2)罗盘不定向或者定向异常。

(3)油箱爆燃。

(4)电击伤人。飞机着陆后,地勤人员接收飞机,放机梯时,偶尔会遇上电击,严重时

可把人击倒。飞机飞行时,机体上积聚很高的静电电势,在着陆中,搭地线没接地把静电导走,橡胶轮胎使飞机与地面绝缘。当地面人员放置机梯时,接触到高电势的机体,使静电经人体导入地下。不过,静电电压虽然很高,但电流很小,一般为十几到几十微安,并且一经放电,电压立即下降,故不会对人员产生致命的危险。

(5)静电起火。在大型运输机的客舱内都铺设有地毯,由于人在步行时以一定的速度与地毯接触摩擦而产生静电。如果在地毯上步行的人体带有足够大的电荷,人体的电位又达到两千伏,当静电放电引起室内温度异常上升或点燃了可燃蒸气,就会发生爆炸或发生火灾。

静电对吊救的主要影响表现在绞车作业时接触方面的放电,如果放电刷不能及时释放出所有的静电,加上人体自身就是导体,当与飞机连接后,由绞车下放到甲板、水中或者陆地时,由于飞机和物体之间的电位差导致飞机的静电通过人体向接触物体释放,这时候人体在连接飞机端和接地端就会有强烈的感觉,静电电压与体感对照见表4-4。由于担心被电,吊救员在接触甲板的过程中会分散注意力,一定程度上影响工作。

表4-4 静电电压与体感对照表

人体电位/KV	静电电击程度	备 注
1.0	无任何感觉	
2.0	手指外侧有感觉但不痛	发出微弱放电响声
2.5	有针刺感,有微颤的感觉但不痛	
3.0	有针刺感	可看到放电的发光
4.0	手指好像用针深深刺一下的感觉	
5.0	手指至前腕有电击的感觉	
6.0	手指强烈疼痛,电击后手腕有沉重感	指尖延伸出放电光
7.0	手指、手掌感到强烈疼痛,有麻木感	
8.0	手指至前腕有麻木感	
9.0	手指感到强烈疼痛,手麻木而沉重	
10.0	全手感到疼痛和电流流过感	
11.0	手指感到剧烈麻木,全手有强烈静电感	
12.0	全手有被狠打的感觉	

克服静电主要有两种方法:①穿屏蔽服,屏蔽服为金属丝结构,可消除触电问题;②放电绳。放电绳类似于接地线,可先于人员接触地面,将静电释放,避免人员被电。由于吊救作业的特殊性,屏蔽服不适用于救生人员,因此救生人员一般采用放电绳处置静电。

由于放电绳需要先于人体接触地面,所以长度较长,约2.43 m,为防止和吊救员或装备缠绕,在出舱前需要将放电绳捋顺卷好,注意不要打结。如果无法很好地挂在绞车钩上,可用弹簧钩作为连接。在接触地面之前,将放电绳散开使之垂直,并长于脚底。接空钩时，如果条件允许，绞车手可以适当多放点，让放电绳充分接触甲板或地面；如果条件不允许，为避免触电带来的工作影响，救生员可吩咐陪同或者船上人员接空钩；水中救援时，救生员应尽量避免大动作踩水，防止放电绳在水中与腿部或者其他物体发生绞缠；起吊前，绞车手和救生员应谨慎，尤其是救生员，确认放电绳没有与地面任何物体缠绕或者挂住。

第五章　直升机搜救行动

第一节　拦截护航行动

一、拦截护航行动

在搜救目标平台(航空器/船舶)还没有丧失机动能力,依旧在行驶中时,但是由于遭遇事故或灾害,随时有遇险的可能,为防止其遇险后发生人员伤亡,搜救力量需要尽量在搜救目标平台遇险之前就对其实施拦截护航,直至其脱离险境或遇险。这样做一方面可以尽可能减少救援力量到达现场的延时,另一方面也可以避免遇险后对遇险目标平台进行长时间的搜索定位。如果能够及时拦截搜救目标平台并进行护航,无论其最终是否遇险都对其有着较大帮助,主要表现在以下几方面。

(1)向搜救目标平台上的人员提供精神慰藉,在遭遇险情时,无论人员是否受过相应训练都会不同程度的产生紧张。而搜救力量的护航则会有效降低人员的紧张程度,从而有效避免因紧张而产生的慌乱、惊恐等负面情绪。

(2)可以使搜救目标平台的操作人员专注于紧急情况的处置,而无须分心于遇险后的逃生及救援,有利于操作人员合理处置险情。

(3)可以对搜救目标平台进行目视观察,为准确判断其故障原因提供第三者视角。

(4)为搜救目标平台的后续处置程序提供更多的参考。

(5)为搜救目标平台的迫降或弃船行动提供照明。

(6)在目的地为搜救目标平台提供援助。

(7)在其迫降或弃船后为其提供救援。

(8)引导其他救援平台到达遇险位置。

可见,对搜救目标进行及时的拦截和护航是提升搜救效率有效的手段。搜救平台在遭遇险情后,无论是否遇险都应及时发出求救信号,搜救任务协调员在接到求救信号后,应根据实际情况适时派出搜救直升机进行拦截护航。拦截行动根据搜救平台和搜救目标平台的相对速度分为两大类。

(1)直接拦截法。当搜救直升机的速度比搜救目标平台速度快时,常使用直接拦截法,该方法是指搜救直升机在某个位置与遇险平台相遇并提供救助行动,例如救助遇险人员、实施医疗转运、护航遇险平台至安全区域等。直接拦截主要有对遇拦截法、追越拦截法和侧翼拦截法3种形式。

（2）最短时间拦截法。当搜救直升机的速度比搜救目标平台的速度慢时，常用最短时间内到达现场拦截法，简称最短时间拦截法。此方法是派遣一架搜救直升机，使之按照能处于搜救目标平台最佳位置的航线飞行，从而在目标遇险时，能够在最短时间到达事故现场。比如当直升机对一架出现故障的固定翼飞机实施拦截时，就需要采用此方法，也称为最大搜救覆盖拦截。

需要注意的是，上述两种拦截法主要应用于船舶、航空器或呈直线运动的目标。在计算时搜救目标平台的速度越大，拦截航向和速度的计算就要越迅速。拦截行动的计划人员还应考虑高空风力对航空器的影响及水流对船舶拦截的影响。

二、直接拦截法

(一)对遇直接拦截法

当搜救目标平台向搜救直升机所在位置直接驶来时，一般选用对遇直接拦截法。为确定拦截行动的航线和对遇的时间、地点，应参照图5-1，按照以下步骤进行分析。

（1）在拦截直升机做好出航准备后，标绘搜救目标平台（A）和拦截直升机（B）的具体位置。

（2）用线连接两个平台的位置。这条线就是搜救目标平台的已定航向，而相反方向则是拦截直升机应该飞行的方向。

（3）做搜救目标平台已定航向线的垂线，并在该线上取适当距离 AC。

（4）根据搜救目标平台的已定航速，在 AC 线上取一点 X，使 AX 等于其1h的航程（如果1h航程超过此比例尺地图所能显示的位置，则可以根据实际缩小航程时间）。

（5）做拦截直升机航向线的垂线，取 AC 的反方向，并在该线上取适当距离 BD。

（6）根据拦截直升机的已定航速，在 BD 上取一点 Y，使 BY 等于其1h的航程（和搜救目标平台相同）。

（7）连接 XY，与 AB 线交于点 P，则 P 就是对遇位置。

（8）量取起始点（A 或 B）到交汇点之间的距离，并除以搜救目标平台或拦截直升机相对应的航速，即可求出两者的交汇时间。

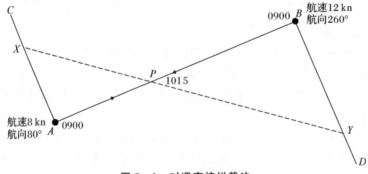

图 5-1　对遇直接拦截法

(二)追越拦截法

当搜救目标平台背离拦截直升机远去时,选用追越拦截法,为确定拦截行动的航线和对遇的时间、地点,应参照图5-2,按照以下步骤进行分析。

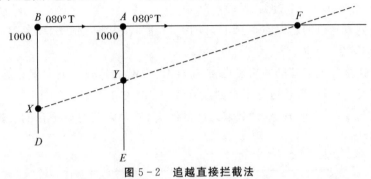

图5-2 追越直接拦截法

(1)在拦截直升机做好出航准备后,标绘搜救目标平台(A)和拦截直升机(B)的具体位置。

(2)用线连接两个平台的位置,并适当延长至C。此线的方向是搜救目标平台和拦截直升机的已定航向。

(3)做拦截直升机航向线的垂线,并在该线上取适当距离BD。

(4)根据拦截直升机在计划航线上的已定航速,在BD上取一点X,使BX等于它1 h的航程(如果1 h航程超过此比例尺地图所能显示的位置,则可以根据实际缩小航程时间)。

(5)做搜救目标平台已定航向线的垂线,并在该线上取适当距离AE,使AE与BD同向。

(6)根据搜救目标平台的已定航速,在AE线上取点Y,使AY等于其1 h的航程(和搜救目标平台相同)。

(7)连接XY,交航向线于F,F点即拦截位置。

(8)量取起始点(A或B)到拦截点之间的距离,并除以其对应平台的航速,即可求出拦截所需的时间。

(三)侧翼拦截法

1.静态侧翼拦截法

如果搜救目标平台不是直接正对驶向或驶离搜救直升机所在位置,并且空中风力(对航空器)或水流(对船舶)的影响可以忽略不计时,选用静态侧翼拦截法。当搜救目标平台对地速度较大时,搜救直升机只能尽量靠近拦截目的地进行侧翼拦截,当拦截直升机速度慢于搜救目标平台时,后文介绍的最短时间拦截法也同样适用。为确定拦截行动的航线和对遇的时间、地点,应参照图5-3,按照以下步骤进行分析。

(1)在拦截直升机做好出航准备后,标绘搜救目标平台(A)和拦截直升机(B)的具体位置。

(2)用线连接两者位置(AB)。

（3）沿搜救目标平台的航线方向做直线，并在该线上取适当距离（AC）。

（4）根据搜救目标平台的速度，在已定航线上取点 X，使 AX 等于其 1 h 的航程（如果 1 h 航程超过此比例尺地图所能显示的位置，则可以根据实际缩小航程时间）。

（5）过 X 点做 AB 的平行线（XY）。

（6）以拦截直升机的出发点为圆心，以其 1 h 航程（和搜救目标平台相同）为半径画圆，交 XY 于 W 点。

（7）用线连接拦截直升机的出发点 B 和点 W，BW 的延长线方向就是搜救直升机的航向，延长该线，直至和搜救目标平台的航迹线 AC 相交于点 D，D 点即为拦截点。

（8）量取起始点（A 或 B）到拦截点之间的距离，并除以其对应平台的航速，即可求出拦截所需的时间。

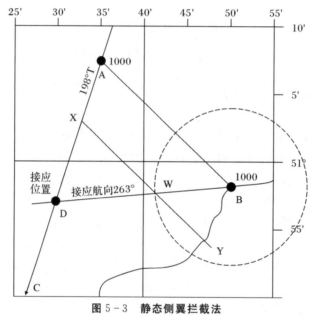

图 5 - 3　静态侧翼拦截法

2. 动态侧翼拦截法

静态侧翼拦截法是不考虑风和水流影响时的计算方法，但是当搜救目标平台不是直接正对驶向或驶离搜救直升机所在位置，且空中风力（对航空器）或水流（对船舶）影响较为显著时，则一般选用动态侧翼拦截法。当搜救目标平台对地速度较大时，搜救直升机只能尽量靠近拦截目的地进行侧翼拦截，当拦截直升机速度慢于搜救目标平台时，后文介绍的最短时间拦截法也同样适用。为确定拦截行动的航线和对遇的时间、地点，应参照图 5 - 4，按照以下步骤进行分析。

（1）在搜救直升机做好出航准备后，标出同一时间搜救目标平台（A）和拦截直升机（B）的具体位置。以搜救目标平台 10 min 航程作为导航误差（DR），重新标绘搜救目标平台位置（C），并以（C）为起始位置，标绘其 1 h 后的位置（D）。

（2）连接 B，C 形成第一条恒定方位线（LCB）；通过点（D）平行于 BC 绘制第二条恒定方位线（DE）。

（3）通过拦截直升机的初始位置向下风方向画出风矢量（BF），长度为目前的平均风速。

（4）而后以 F 为圆心、搜救直升机的真空速为半径画一圆弧，和第二个恒定方位线（DE）交于点（G）。若直升机速度小于搜救目标平台，则（FG）和（DE）不可能有交点，此时搜救直升机应直接飞向搜救目标平台的航线并做追击飞行。

（5）拦截直升机的初始位置（B）与点（G）的连线的方位和距离即拦截直升机的真方向和对地速度。

（6）此时如果（G）点超越了（D）点，如图 5-4（a）所示，则（BG）与（CD）交于点（H），（H）点即为拦截点，（B）点与（H）点的距离即为拦截距离；此时如果（G）点未超越（D）点，如图 5-4（b），则做（BG）的延长线与（CD）交于点（H），（H）点即为拦截点，（B）点与（H）点的距离即为拦截距离。

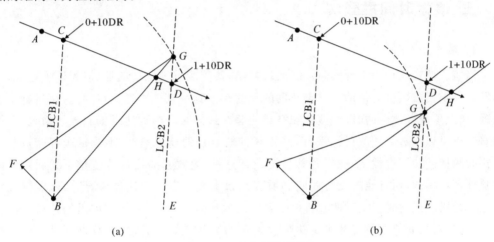

(a)　　　　　　　　　　(b)

图 5-4　动态侧翼拦截法

(a)G 点位置超越 D 点时；(b)G 点位置未超越 D 点时

3.测向侧翼拦截法

测向侧翼拦截法是当航空器具有测向（Direction-Finding，DF）设备时使用的拦截方法。它是使用测向设备接收从搜救目标平台发射的信号，如图 5-5 所示，进而采用以下步骤实施拦截的方法。

（1）在确定与搜救目标平台的方位之后，搜救直升机沿着与方位线成 45°角的方向超遇险飞行器飞行。

（2）检查 DF 的方位，保持相对方位线成 45°角不变。

（3）如果测向仪显示搜救目标平台相对搜救直升机的方位在增加，那么拦截航向也应该增加相对方位增加值的两倍。

（4）如果测向仪显示搜救目标平台相对搜救直升机的方位在减小，那么拦截航向也应该减小相对方位减小值的两倍。

（5）通过上述方位的比较，保持一个稳定的方位线，就可确定拦截航线。

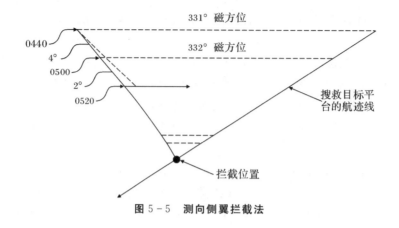

图 5-5 测向侧翼拦截法

三、最短时间拦截法

1.基本条件

当航空器在飞行中出现紧急情况的时候,即使其能够飞抵目的地,但为谨慎起见,它通常会寻求搜救机构的帮助。寻求帮助的目的在于其一旦无法到达目的地,在进行水上迫降、陆上迫降或跳伞的时候,搜救航空器能够在最短时间内到达现场。理想情况下,搜救直升机可以拦截到搜救目标平台,并将至护航至目的地。然而,不是每次都能进行成功拦截和护航的。搜救航空器,尤其是搜救直升机,通常它的飞行速度是不如固定翼航空器搜救目标的,而且他的飞行时间和航程都很有限。当出现这种情况时,就需要确定搜救直升机应该何时出动对搜救目标平台实施救援,以及何时应该转向返回搜救目标平台的目的地,从而使搜救直升机到达事故现场的时间最短。通常,搜救直升机先向着搜救目标平台飞行,在拦截之前转向并沿着搜救目标平台的航向飞行,然后让它追越,最后两者朝着同一个方向飞行直至目的地。问题的复杂之处在于,由于风力的影响,搜救直升机出航时的对地速度可能与返航时的速度大不相同。在拦截过程中,应该时刻告知搜救目标平台正在进行拦截行动的类型和态势。其中,拦截法计算需要以下条件为前提。

(1)搜救直升机从搜救目标平台的目的机场出发且将返回原处。

(2)搜救直升机抵达搜救目标平台的位置到返回之间所花的时间就是最短时间。平均来说,搜救直升机出发抵达现场的时间等于两者飞抵目的地机场之间的时间差。如果能实现上述条件,此次行动就称为"最短时间内到达现场拦截法"(Minimum Time To Scene Intercept,MTTSI)或"最短时间拦截法"。

(3)预计在搜救直升机到达最大飞行距离时,搜救目标平台还不存在迫降、坠毁或跳伞的紧急危险。

(4)在整个行动过程中,搜救直升机出发、返航速度以及搜救目标平台的对地速度都为已知且保持不变。

(5)搜救目标平台的对地速度大于搜救直升机的返航速度。

（6）搜救直升机的位置明确，且正从该位置向目的地机场飞行。

2.搜救直升机的最远飞行距离

搜救直升机最长飞行时间是个重要因素，它能决定该平台在飞行多少距离后仍能够有足够燃料安全救助遇险人员并返回机场。搜救直升机最长飞行时间等于它持续飞行时间减去现场最小有效时间以及剩余燃料。如某架直升机预计极限飞行时间为 4 h 30min，如果现场有效时间为 10 min，需要留足 20 min 的剩余燃料，那么该直升机的最长飞行时间应该是 4 h，其计算最远飞行距离的计算公式为

$$D_{\mathrm{mo}} = \frac{T_{\mathrm{mo}} V_{a1} V_{a2}}{V_{a1} + V_{a2}} \tag{5-1}$$

式中：D_{mo} 为搜救直升机最远飞行距离（n mile）；T_{mo} 为搜救直升机最长飞行时间（h）；V_{a1} 为搜救直升机出发时的对地速度（kn）；V_{a2} 为搜救直升机返航时的对地速度（kn）。

【例 5-1】 上述直升机空中真速为 150 kn，航行中风力为 25 kn，风向与搜救目标平台飞行方向相反，计算最远飞行距离。

解 已知飞机飞行最长时间为 4 h，速度为 150 kn，风力 25 kn。则

出发速度 $V_{a1}=150+25=175$(kn)，V_{a2} 返回速度$=150-25=125$(kn)；

$$D_{\mathrm{mo}} = \frac{T_{\mathrm{mo}} V_{a1} V_{a2}}{V_{a1} + V_{a2}} = \frac{4 \times 175 \times 125}{175 + 125} = 291.67 \text{ n mile}$$

那么搜救直升机的最远飞行距离为 291.67 n mile。

3.搜救直升机的出发时间

如果出现紧急情况，搜救目标平台还位于搜救直升机最远航程以外，搜救直升机的出发时间可用下式计算。

$$T_o = 60 \times \left[\frac{D}{V_b} - D_{\mathrm{mo}} \cdot \frac{V_{a1}^2 + (2V_{a1} + V_b) \cdot V_{a2}}{V_{a1} V_b (V_{a1} + V_{a2})} \right] \tag{5-2}$$

式中：T_o 为发生紧急情况到派出搜救直升机之间的时间间隔（min）；D 为发生紧急情况时搜救目标平台距离机场的距离（n mile）；V_b 为遇险航空器的对地速度（kn）。

【例 5-2】 搜救目标平台在距离目的地 600 n mile 处发生紧急情况，当时速度保持在 200 kn，搜救直升机性能同上，计算该直升机在紧急情况发生后的出发时间。

解 根据式（5-2）计算：

$$T_o = 60 \times \left[\frac{D}{V_b} - D_{\mathrm{mo}} \cdot \frac{V_{a1}^2 + 2V_{a1} + V_{a2} V_b}{V_{a1} V_b (V_{a1} + V_{a2})} \right] =$$
$$60 \times \left[\frac{600}{200} - 291.67 \times \frac{175^2 + 125 \times (2 \times 175 + 200)}{175 \times 200 \times (175 + 125)} \right] = 14.375 \text{ min}$$

即直升机在 14 min 后才能出发。

需要注意的是，如果计算结果为负数，说明搜救目标平台已经离目的地很近了，搜救直升机应立即出航。同时，如果搜救目标平台进入搜救直升机的最远航行距离且不久将进行迫降或弃机跳伞，就应考虑进行搜救直升机最远飞行距离的直接拦截行动。

4.转向时间

如果获知在派出搜救直升机时搜救目标平台航空器距离机场的距离，就可以按下式

计算出搜救直升机在转向返回机场时应该飞行多长时间,即

$$T_{a1} = \frac{60 \, D_o V_{a2} (V_{a1} + V_b)}{V_b (V_{a1}^2 + 2 \, V_{a1} V_{a2} + V_{a2} V_b)} \qquad (5-3)$$

式中:T_{a1}为搜救直升机在出动后间隔多少时间应返回机场(min);D_o:在搜救直升机出动时搜救目标平台距离机场的距离(n mile)。

【例5-3】 基本数据同上例,并假设搜救直升机出动时搜救目标平台距离机场500 n mile,计算直升机出动后的返回时间。

解 根据式(5-3)计算:

$$T_{a1} = \frac{60 \, D_o V_{a2} (V_{a1} + V_b)}{V_b (V_{a1}^2 + 2 \, V_{a1} V_{a2} + V_{a2} V_b)} = \frac{60 \times 500 \times 125 \times (175 + 200)}{200 \times (175^2 + 2 \times 175 \times 125 + 125 \times 200)} = 70.75 \text{ min}$$

即直升机出发70.75 min内就得返回。

第二节 搜索定位行动

一、直升机搜索模式

直升机利用标准的搜索模式,在覆盖区域内使用目视或电子探测设备进行搜索,是其搜索遇险对象位置、发现遇险人员的一项基本的区域搜索技术。该技术具有以下优点。

(1)有规则、有组织的搜索方式能基本平均覆盖整个制定的搜索区域。

(2)与无规则、无组织的搜索相比,有规则的搜索模式可以有效提高发现概率,尤其是在搜救条件理想的情况下。

(3)标准模式更容易准确和紧凑的传达信息,减少偏差和误解。

(4)标准模式使多平台搜索更容易协调。

(5)标准模式的执行更安全,尤其是在多平台协同搜索时。

搜索模式的选择和确定十分重要,它并不是随机的,需要考虑所有的相关要素,才能做出正确的选择。搜索模式和行动取向可参考以下几项内容。

(1)搜索模式应适应目标遇险和分布的具体情况。

(2)搜索区域应和每个搜救直升机的航程匹配。

(3)可综合考虑探测设备的类型。

(4)搜索目标的类型和搜救平台用来探测和定位的信号。

(5)搜索的气象、自然和其他相关条件。

(6)搜索期间搜救目标的运动情况。

(7)遇险人员的生存时间、搜索平台的持续搜索时间,以及能见度等条件。

搜索模式和具体行动计划应在搜救直升机能够准确、安全的完成指定任务的能力范

围内,能够达到所用时间和力量相匹配的预期效果,所选的搜索方式应使与其他搜索直升机发生碰撞的风险减到最小,要根据任务情况准备好充足的油料,避免发生可能的航空事故。

搜救直升机应密切关注搜救区域内的空中交通情况,通常情况下,同一搜索区域内一般不应指派一架以上的航空器。因为多机行动会分散飞行人员的搜索注意力,减弱机组对光亮、抛出标志、闪光信号、船筏等救生信号的反应灵敏度。这与在较高位置进行电子搜索而在较低位高度实施目视搜索并不矛盾。实际上,当有求生信标时,一般都采取由一架高速航空器(通常情况下为固定翼航空器)在较高位置执行有关电子搜索行动,一架低速航空器(通常情况下为直升机)在较低高度实施目视搜索。此时,在较高位置进行电子搜索行动的机长一般是现场协调人的最佳人选,或者在多架航空器参加行动时担任航空器协调人。

通常,直升机搜索的方式主要有电子搜索、目视搜索和夜间搜索三种模式。机组人员应按照一定的搜索航迹线标绘出实际搜索的区域。一种方法是将搜索过的区域涂上阴影或画上十字,并把未搜索的区域标在适当比例尺的地图或海图上。这些信息应在一定时间后反馈到搜救任务协调员处,这样搜救任务协调员才能根据搜救情况,更新概率图和成功率并为搜救直升机制定下一步的搜救计划。

二、电子搜索模式

(一)电子扫视搜索

当获知或确定遇险航空器、船舶或人员配备有救生信标时,无论是否已经通过 COSPAS – SARSAT 收到有关信息,应立即使用航空平台实施高空电子搜索。除了幸存者会使用 EPIRB 以外,很多航空器都携带 ELT,当到达一定的触发条件,上述设备都会开始工作。由于电子搜索的成功主要取决于救生信标的信号发射能力,所以它和目视搜索并不冲突。

通常,在救生信标搜索中应使用平行线或横移线搜索方式。如果首次搜索未能在区域内找到信标,应实施与首次搜索航线成直角的第二次搜索行动,如果仍未能找到信标,只要确信其在区域内并还在工作,就应考虑实施与首次搜索线平行、航线间距为原来一半的第三次搜索行动。在山区时,应计划好首次搜索行动,尽可能地以直角横越主山脊线。

由于大多数应急信标只在视线范围内接收到的频率上工作,因此电子搜索中的扫视宽度应根据所选搜索平面度水平视距来估计。尽管如此,如果可测距离已知,且小于地平视距时,航线应使用可视距离。当救生信标的可测距离未知,海上以及没有或几乎没有林木覆盖的平坦地区扫视宽度约为表5-1中水平线距离的一半。在密林或山区,扫视宽度可能减少到水平线距离的1/10。与水面和平原相比,在山地或遮蔽物较多的地区,信号传播距离大大减小。

表 5-1　扫视水平线范围表

高度/ft	距离/n mile	高度/m	距离/km
500	26	150	47
1 000	37	300	66
2 000	52	600	94
3 000	64	900	155
4 000	74	1 200	133
5 000	83	1 500	148
10 000	117	3 000	210
15 000	143	4 550	257
20 000	165	6 100	297
25 000	185	7 600	332
30 000	203	9 150	363
35 000	219	10 650	392
40 000	234	12 200	420

(二)电子搜索定位

在进行电子扫视搜索时，一旦探测到救生信标，有导航系统的直升机可直接搜索。对无导航能力的搜救直升机而言，探索到救生信标发出的无线电频率信号后，进行电子转化，使之成为至少能让搜索人员通过扬声器或听筒听到的声音，这时，搜救直升机可使用地图辅助、时间辅助程序进行搜索。

1.直接搜索

对配有导航系统的搜救直升机而言，探测到信号以后就能把救生信标当作导航信标，如果搜救直升机从搜索目标平台存在概率较大或最大的基点附近着手，将很快找到救生信标。如果不成功，将根据可用搜索力量的最佳利用值，使用本节第三部分内容提到的扇形、扩展方形、平行扫描或横移线方式进行全面搜索。

2.地图辅助电子搜索

在有地图辅助的电子搜索中，假设无线电信号强度相同的搜索区域为环形，搜救直升机的飞行犹如"在盒子内飞行"。首次收到无线电信号后，直升机的位置马上就可以标绘在有关地图或海图上。如图 5-6 所示，直升机在同方向继续飞行一段时间后，向左或向右转 90°并继续，直至信号衰减为止。应注明收到和失去信号的位置。然后，直升机转向 180°并再标绘一次信号产生和衰减的位置。至此，做线(弦弧)连接每次收到信号和失去信号之间的位置，然后作每条线的垂直等分线，它们交叉的位置就是救生信标的位置。随后，搜救直升机继续飞行到该位置，并下降到合适位置用目视搜索。

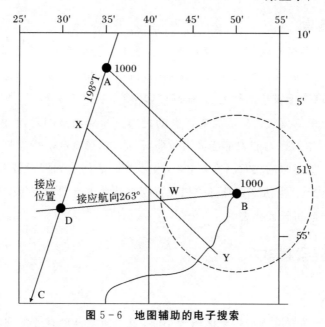

图 5-6 地图辅助的电子搜索

3.时间辅助电子搜索

如图 5-7 所示,在时间辅助的电子搜索中,记录首次收到信号的时间,直升机需继续同方向飞行;在信号衰减时,再次记录时间,前后两次时间的差就作为接收信号时间。然后,直升机转向 180°并沿着原航迹的相反方向飞行一半的接收信号时间。接着,直升机向右或向左转向 90°,并继续飞行直到信号衰减。之后,直升机再进行 180°转向并记录再次收到信号的时间。直升机继续该航向直到信号再一次减退,再次记录时间,前后两次时间差就作为接收信号时间。过后,直升机进行第三次 180°转向并沿此方向继续飞行 1/2 的上一接收信号时间。最后,下降到适当高度进行目视搜索。

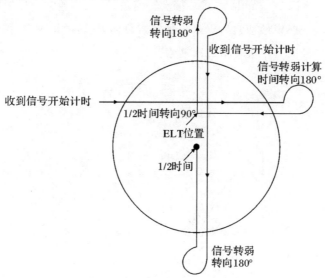

图 5-7 时间辅助的电子搜索

（三）雷达搜索

大多数搜救直升机上的雷达都探测不到陆地上的搜索目标，除非是在开阔地域，如沙漠或高原上的金属残骸。但是在海上搜索中，雷达是基本的设备。最佳搜索区域的扫视宽度计算结果取决于雷达的种类、天线高度、环境干扰因素和噪音、搜索目标在雷达上的横截面、雷达波束的大气折射以及操作者的能力。需要注意的是，当海浪增加到 $1\sim2$ m 时，几乎所有雷达的探测能力都会大大减弱，因此，扫视宽度也相应减小。对于搜索小目标的直升机来说，通常的飞行高度在 $800\sim1\,200$ m 之间。如搜索较大的目标，搜索高度不应超过 $2\,400$ m。当估算直升机的扫视宽度以及在现有搜索条件下确定合适的搜索线间距时，有必要向机长提出咨询。

三、目视搜索模式

1. 扇形搜索

当搜索目标的位置准确或搜索区域较小时，扇形搜索是最有效的搜索方式。比如船员掉出弦外，立刻被发现并基本确定位置，具有精确定位能力的航空器或船舶遇险后报告其遇险位置等。这些情况中，遇险对象的分布较为准确，误差不会太大，适用扇形搜索方式进行搜索定位。

扇形搜索是指以某个基点为中心的扇形区域，如图 5-8 所示，直升机搜救平台可以在基点附近区域无障碍的飞行，并仔细搜索这个最容易发现搜索目标的区域。由于涉及范围较小，扇形搜索程序不能由在相同或相近飞行高度飞行的多架直升机同时实施，但可由一艘搜救船舶配合直升机共同实施同一地区的扇形搜索任务。搜救直升机的扇形搜索半径在 5 n mile 到 20 n mile 之间。每次转向角是 $120°$，通常扇形搜索每次都是向右转向。如果在完成一遍扇形搜索后仍未找到搜索目标，应转动扇形，如图 5-8 虚线所示，下移第一次搜索半径的一半进行第二次搜索。

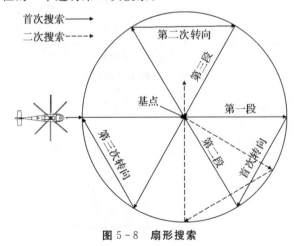

图 5-8　扇形搜索

实施时,可在基点位置投放一个烟雾信号或无线电灯标作为搜索的基点位置。每段搜索完成后,直升机应当近距离或正上空通过该基点。当对海上目标实施搜索时,对于搜索目标而言,如果风压可以忽略不计或很小,扇形搜索可快速定位。因为该基点还可以随水流进行移动,基本和该水域内遇险人员由于水流移动情况相似,即两者之间相对位置几乎不变,因此为中心的搜索可以忽略水流的影响。但需要明确的是,一定要确保遇险人员在基点附近,而且附近风压不大。扇形搜索的计算见表5-2,用分秒来表示完成一段航程的时间,该表使用时可用内差法。

表5-2 扇形搜索计算表

半径/n mile	速度/kn								
	3	5	8	10	15	20	60	80	90
0.5	10:00	6:00	3:45	3:00	2:00	1:30	0:30	0:22.5	0:20
1.0	20.00	12:00	7:30	6:00	4:00	3:00	1:00	0:45	0:40
1.5	30:00	18:00	11:15	9:00	6:00	4:30	1:30	1:07.5	1:00
2.0	40:00	24:00	15:00	12:00	8:00	6:00	2:00	1:30	1:20
2.5	50:00	30:00	18:45	15:00	10:00	7:30	2:30	1:55.5	1:40
3.0	60:00	36:00	22:30	18:00	12:00	9:00	3:00	2:18	2:00
3.5	—	42:00	26:15	21:00	14:00	10:30	3:30	2:40.5	2:20
4.0	—	48:00	30:00	24:00	16:00	12:00	4:00	3:03	2:40
4.5	—	54:00	33:45	27:00	18:00	13:30	4:30	3:25.5	3:00
5.0	—	60:00	37:30	30:00	20:00	15:00	5:00	3:48	3:20
6.0	—	—	45:00	36:00	24:00	18:00	6:00	4:33	4:00
7.0	—	—	52:30	42:00	28:00	21:00	7:00	5:18	4:40
8.0	—	—	60:00	48:00	32:00	24:00	8:00	6:03	5:20

2.扩展方形搜索

当搜索目标位置处于相对较近的区域时,扩展方形搜索方式也是最有效的搜索。这种搜索方式的搜索起点始终是基点位置,搜索行动以同心方形向外扩展,如图5-9(a)所示,从而基本均匀覆盖了以基点为中心的区域,如果基点不是一个点而是一条短线时,方案应改为向外扩展的矩形。由于该方案也是小区域搜索,因此扇形搜索中对于多平台搜索实施的注意事项同样适用于扩展方形搜索。

扩展方形搜索是一种精确的搜索方式,要求搜救直升机能够准确的飞行,尽量减小飞行误差,首条搜索线路通常为逆风方向。前两条搜索航线长度等于搜索线间距,以后每两段搜索长度在原基础上增加一个搜索线间距。在同一区域内进行连续搜索时,搜索航线转向45°,如图5-9(b)所示。

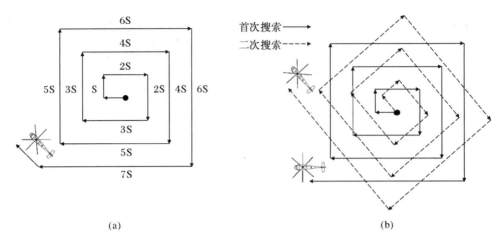

(a)   (b)

图 5 - 9　扩展方形搜索

(a)首次扩展方形搜索;(b)二次扩展方形搜索

3.螺旋方式搜索

当遇险对象位置相对准确、搜索区域较小时,也经常使用螺旋搜索方式。如图 5 - 10 所示,螺旋方式搜索在基点位置作为起点,搜救直升机向左或向右压坡度进入,按坡度又打到小做盘旋飞行,一般先用 20°坡度盘旋,盘旋近 360°时,改用 15°坡盘旋;然后依次以 10°,5°坡度盘旋。但是上述坡度也要根据实际情况调整,当空中风较大时,应采用坡度结合速度的方法将搜索轨迹调整为以选取的起点为中心的螺旋形状,以保证对搜索区域的全面覆盖。当搜索结束时仍未发现搜索人员,也可在附近另选一点,重新进入螺旋形搜索。

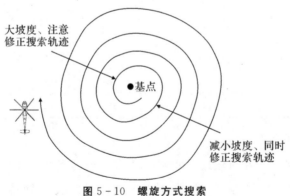

大坡度、注意
修正搜索轨迹

●基点

减小坡度、同时
修正搜索轨迹

图 5 - 10　螺旋方式搜索

4.航迹线方式搜索

航迹线方式搜索通常用于航空器或船舶沿着一条已知的航线失踪,没有留下任何迹象的情况。例如,遇险船舶或航空器坠毁、迫降或在计划航线上或附近沉没,就选用航迹线搜索方式,并将搜索力量集中于基准线附近。通常认为,遇险人员能够通过某种方式,比如太阳反光镜、光烟信号管、闪光、火光或电子信标等方式,在相当大的一个范围内吸引搜救直升机的注意力。

航迹线方式搜索是指搜救直升机沿着遇险船舶或者航空器的计划航线进行快速、合理的搜索。搜救直升机也可沿一端搜索,然后返回相反方向搜索,如图 5-11 所示。

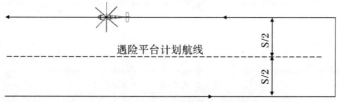

遇险平台计划航线

图 5-11　航迹线往返方式搜索

除沿航迹线往返方式搜索外,搜救直升机还可沿着遇险对象的计划航线及其两侧各进行一次搜索,而后沿原定搜索继续前进而不需要返回,如图 5-12 所示。

由于搜救直升机的速度相对水面和地面搜索力量更快,因此经常用来执行航线搜索,通常白天飞行高度为 300～600 m 之间,夜间在 600～900 m 之间。因为这种方式计划工作相对较少而且能够在短时间内完成,因此经常被用于前期搜索。如果第一次搜索未能找到遇险人员,那么将执行内容更为详细、范围更广的搜索行动。

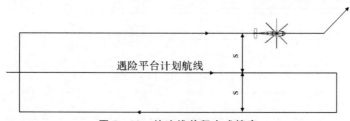

遇险平台计划航线

图 5-12　航迹线单程方式搜索

使用航迹线方式搜索的搜救直升机应按照要求进行转向,确保其始终沿着遇险平台最可能的路线或平行的路线上。当需要多平台协同搜救时,尤其是当它们正沿着反方向航行时,搜救计划人员必须保证所有的平台明确相互间的位置,并避免向平台提出朝首航向相反方向移动的要求。

5.平行线扫视搜索

当遇险对象位置不是非常确定,并且分布区域均匀覆盖于某一广阔区域时,通常使用平行线扫视搜索方法,由于其航线类似蛇形,因此也被称为"蛇形搜索"。一般情况下,其覆盖的搜索区域为一个矩形,在水面、平原等相对平坦的地形中,平行线扫视搜索是最有效的搜索方式。在一块大搜索区域分割成几个分区并分别指派给不同的搜救平台进行搜索时,使其同时到达事故现场的情况下,通常也可以使用平行线扫视搜索。相对于扇形、扩展方形、螺旋形等搜索方式,平行线扫视搜索方式更适合于多平台协同搜索。

当搜救直升机执行平行线扫视搜索时,一般将指定分区的一角当作其搜索的起始点(Commence Search Point,CSP)。CSP 通常在搜索矩形内距离两条直角边各 1/2 航迹间距的位置。搜索线航线与矩形的长边平行。首条搜索航线与最接近搜索起始点的矩形长边相隔 1/2 搜索线间距,接下来的搜索航线保持相互平行并相隔一个搜索线间距。如图 5-13(a)所示,即为平行线搜索方式。在搜救直升机配有双曲线导航系统或测距设备时,也可分别利用这两个系统实施平行线扫视航行,如图 5-13(b)(c)所示。

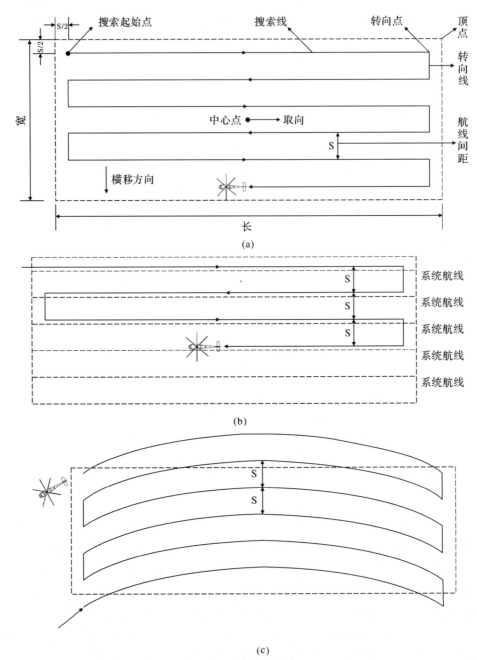

图 5 - 13　平行线扫视搜索

(a)目视平行线扫视搜索;(b)使用双曲线导航系统的平行线扫视搜索;(c)使用测距设备的平行线扫视搜索

6.横移线协同搜索

横移线协同搜索是指由按搜索横移线飞行的搜救直升机和沿搜索区域主轴线朝搜救直升机飞行方向航行的船舶共同实施的海空协同搜索。搜救直升机的搜索路线与船舶的航线相互垂直。应计划好船速、搜救直升机的航速、搜救直升机的搜索线长度和搜索线间距,以使搜救直升机在横移方向上的距离等于水面搜索平台的速度。如果搜救直升机在每条搜索线中心点直接通过船舶的上空,就说明已精确实施了横移协同搜索,如图 5-14 所示。

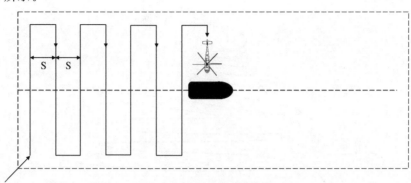

图 5-14　横移线移动搜索

具体来说,水面搜索平台的航速、搜救直升机的飞行速度、搜索线间距和搜索线长度之间的关系可表示为

$$V_s = (S \times V_a)/(L+S) \qquad (5-4)$$

式中:V_s 为水面搜索平台的速度(kn);S 为搜索线间距(n mile);V_a 为搜救直升机真空速度(kn);L 为搜救直升机的搜索线长度(n mile)。

当然横移线移动搜索也不一定需要协同,可以视为平行线扫视搜索以横轴为参考的搜索,当搜救直升机前进方向向阳而影响飞行员目视观察时,为避免眩目阳光应对搜索航线进行调整。

7. 等高线搜索方式

在环山或山谷中实施搜索时,因为海拔变化明显,其他搜索方式无法实施,所以应使用等高线搜索方式进行搜索,如图 5-15 所示,该搜索方式要遵从以下原则。

(1)搜索从最高的山峰开始,从上而下,每个新的高度都应围绕山峰一圈进行搜索。

(2)搜索高度的间隔根据能见度、山峰的植被覆盖情况等从 150～300 m 不等。

(3)直升机可先离开所搜索的山峰做绕圈飞行,然后调整飞行高度,在一较低的高度进行等高线搜索。

(4)在没有足够空间进行搜索方向的反向环绕时,直升机可以一个较低的但近似不变的下降速率环山螺旋向下搜索。

(5)如果山不能被圆形环绕,那么上面列出的同一高度间隔的连续扫视就应该沿着山边进行。

(6)环绕峡谷搜索时,完成每一个环绕后,都要移动环绕中心一个搜索线间距。

高山搜索通常从山顶到山底,而不是从山底到山顶。搜救直升机从山顶最高峰开始搜索,在此高度围绕山峰一圈进行搜索。为使搜救直升机缓慢下降到另一等高线搜索高度,一般下降幅度为 100～300 m。在重新开始低高度的等高线搜索前,直升机要沿下降航线离开山脉。当无足够空间进行拟搜索方向环形飞行时,直升机可以低速且保持基本稳定的盘旋下降。如果由于某种原因不能进行环山搜索时,直升机应沿着上述等高线间隔的边缘飞行。

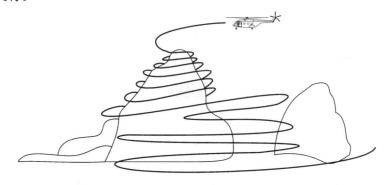

图 5-15　等高线搜索方式

8.篦形搜索方式

当遇险人员位置不够明确,而搜索区域又相对狭长时,篦形搜索方式比较有效。如图 5-16 所示,从遇险人员所在区域的一侧开始,保持一定宽度的平行线往复飞行搜索,直至飞到遇险人员所在区域的另一侧或发现遇险人员为止。每一直线长度和两平行线间的距离根据实际情况和现场能见度而定。能见度好时,直线长度一般取 4~6 km;能见度低时,直线长度和平行线之间的距离为现场能见度的倍数。

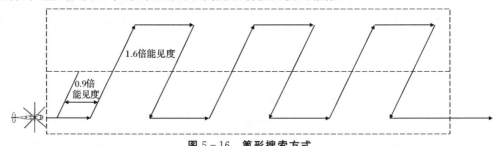

图 5-16　篦形搜索方式

9.S形搜索方式

当遇险人员位置准确,搜索区域狭长并且较小时,经常采用 S 形搜索方式。如图 5-17所示,在遇险人员航迹上取一个起点,在其所在区域内采用小坡度机动转弯飞行,左右宽度一般在 4~6 km,一个 S 形长度一般为 10 km。

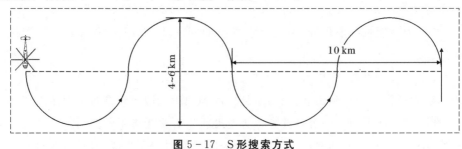

图 5-17　S形搜索方式

四、夜间搜索

1. 伞降式照明弹搜索

如果遇险人员没有闪光或灯光等夜间示位装备,那么在夜间就不可能发现遇险人员,使用航空伞降式照明弹可以协助机组人员实施搜索。但需要注意的是,除非环境允许,否则不应在任何的陆地上空投放照明弹,而且在陆地上空投放照明弹通常需要遵守搜索地区所在国的规定程序和政策。

伞降式照明弹一般由在搜救直升机上空前方飞行的固定翼航空器投放。在此类搜索中,船舶和直升机是最有效的搜索平台,而固定翼搜救平台的搜索效果较差。在投放伞降式照明弹时,要保障直升机和固定翼航空器之间的飞行距离。如果闪光信号在燃烧之后就下落,必须确定它不会在搜救直升机上方燃烧,闪光信号必须由熟悉用法的机组使用。

搜救直升机在利用伞降式照明弹进行搜索时,必须小心谨慎,确保照明弹或脱落物不会与搜救直升机相碰撞。如图 5-18 所示,通常直升机在 150 m 的高度逆风或顺风飞行,为了搜救人员在搜索被照亮的区域的同时,还能发现轮廓和阴影,固定翼航空器应在直升机的正上方 60°左右的位置投放伞降式照明弹。应正确估算闪光信号之间的距离,以保证覆盖整个区域。还应仔细选择航空器投放伞降式照明弹的位置,保证燃烧完成一个伞降式照明弹之后,适时投放下一个。当投出闪光信号时,直升机飞行员应能够看到闪光信号和投放信号的航空器。

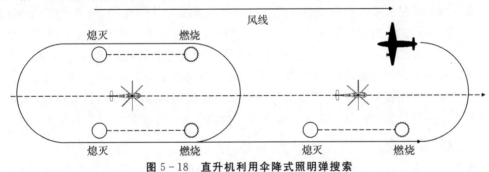

图 5-18 直升机利用伞降式照明弹搜索

2. 红外线设备搜索

红外线装置通常用于夜间搜索,是通过探测温度差来产生可视画面。对于搜救直升机,搜索高度通常从搜索落水人员的小目标时的 70~150 m,增加到搜索较大目标或具有较强烈信号的目标时的约 450 m。扫视宽度可以根据制造商提供的有效探测距离进行估测。

3. 夜视仪搜索

在搜救直升机上使用夜视仪实施夜间搜索实际上是最为有效的,它更容易发现遇险人员,不像伞降式照明弹搜索需要多平台的协同,而且没有安全风险。其中,可能对夜视仪使用效果产生影响的因素主要有以下几种。

(1)夜视仪的质量。

(2)人员的培训和经验。

(3)环境条件(气象能见度、湿度、月光、云层覆盖范围、降水等)。

(4)搜救直升机的飞行速度。

(5)搜救人员距离地面的高度。

(6)地表条件(如有积雪等)和海况。

(7)搜救目标的大小、亮度和反射率(如果遇险人员身上或船上装有反射带,将很大程度上增强夜视仪的发现概率)。

(8)遇险人员所用的救生设备类型和光源(如信号设备和烟火)。

具体来说,搜救直升机内有搜索人员在使用夜视仪时,应尽量减少直升机内有眩目的亮光,在可能的情况下应打开舱门或者利用合理的扫视技术,可以减少月光、灯塔、海上钻井平台、船舶、防撞灯等人造或自然光源造成的负面影响。而且在使用夜视仪搜索时,月光可极大增加无光搜索目标的发现概率。搜索目标发出的光,如闪光甚至香烟等,即使在小雪等低能见度情况下也能够极大地增加目标发现概率。

第三节　悬停吊救行动

一、悬停吊救的基本程序

直升机悬停吊救是指在机组通过搜索行动定位遇险人员位置后,利用吊带、吊架、吊篮、吊椅等吊救装备,通过吊救手段对其实施救援回舱的行动。机组之间要密切配合才能安全、高效的完成吊救工作:①飞行员要根据实际情况建立五边航线,从合适的角度下降到遇险人员上方的合适位置;②绞车手和吊救员要完成装备的选择、穿戴和检查;③飞行员要控制好悬停姿态,绞车手要正确操纵绞车并进行精确指挥,吊救员要冷静、快速地对遇险人员进行处置和回收。具体来说悬停吊救的基本程序主要包括以下几个步骤。

(一)吊救准备

在吊救准备阶段,机组已经确定了遇险人员的精确位置,并掌握了遇险人员的基本情况,此时飞行员要首先建立吊救航线,如图5-19所示,绞车手和吊救员应在建立航线过程中完成吊救的准备工作。主要有以下4个步骤。

1.目标确认

救生人员寻找并确认目标,提示机长目标大概位置,判断直升机进入和撤离路线,选定指挥参照物,构建吊救员下放轨迹。在确认无误后,飞行员开始建立吊救航线。绞车手和吊救员根据遇险人员的大致情况判断吊救和协同方法,确定吊救细节。

2.救生人员就位

绞车手和吊救员在吊救航线的一边航线位置穿戴个人防护装备,吊救员携带吊救装备,并相互检查穿戴情况和关键的安全连接点。完成检查后绞车手和吊救员到舱门位置就位待命。

3. 观察判断

在三边位置对目标进行再次观察确认,绞车手重点观察目标周围净空情况,对悬停吊救进入方向、高度给出建议(一般逆风进入,海上高度在 20~25 m,陆上高度 10~15 m)。吊救员重点观察遇险目标的数量及状态,对吊救装备进行再次确认,如果认为准备不足,则请示绞车手后迅速在四边位置完成调换。

4. 最终检查

绞车手救援吊带、安全带、防护手套、操作手柄到位,机内通话器畅通;吊救员救援吊带、头盔、安全带、手套和吊救装备到位;相互再次检查后,向机长报告。口令:"报告机长,后舱准备完毕"。

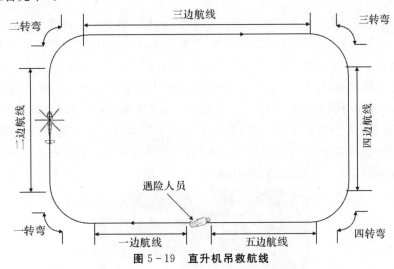

图 5-19 直升机吊救航线

(二)出舱

1. 打开舱门

四转弯改出后,飞行员保持好飞行姿态,直升机边减速、边下降高度,绞车手在确认后舱人员处于安全位置且连接好安全带后,请示打开舱门,口令:"后舱请示打开舱门",得到机长允许后,可打开舱门,准备进行下一步工作。

2. 连接绞车

打开舱门后,绞车手操作绞车下放挂钩入舱,将挂钩交予吊救员;吊救员将钢索挂钩与快速救援带等吊救装备和救援吊带连接处进行连接,检查好并得到绞车手的示意后,坐到舱门口;绞车手在吊救员坐到舱门口后,对检查钢索挂钩与快速救援带和救援吊带连接处再次进行检查,确定连接可靠且无任何卡滞后,给出准备好手势。

3. 初步指挥

连接好后,绞车手于舱外观察目标,判断位置,远时,先进行方向指挥,口令:"发现目标,左(右)前方,向左(右)修";当目标回到飞机纵轴时,口令:"方向好";当距目标还有

30 m左右时,口令:"目标左(右)前30 m,20 m、10 m、5 m,好、稳住"(飞机悬停稳定时,应使目标位于舱门一侧,0°~90°,10米范围内)。

4.吊救员出舱

飞机悬停稳定后(海上五边飞机速度小于70 km·h⁻¹,无危及安全障碍物时),绞车手发出口令:"后舱开始工作",收钢索,将钢索捋顺,再次检查连接,确认无误后,给出"准备好"手势;吊救员抓住连接带位置,共同检查连接,检查好后回应"准备好"手势;绞车手抓住吊救员背带并慢收钢索,吊救员适时解下安全带;绞车手将吊救员提升离开舱内,并平稳送出舱外,协助吊救员转向舱门并稳定,稳定后再次检查连接情况。

(三)下放处置

1.下放

出舱后,绞车手给出口令:"吊救员正在下放";绞车手下放吊救员,关注吊救员状态和手势,稳定钢索,同时指挥飞机(如果此时飞机产生位移,应提醒飞行员保持姿态,并指挥飞机缓慢调整,给出指挥口令:"飞机左(右)移、向右(左)修×米、好、稳住等");吊救员下放中利用打腿技能,如图5-20所示,吊救员在吊救过程中由于绞车钢索排线和飞机下洗气流影响,会围绕钢索产生一定速度的旋转,会对吊救员观察地面、保持状态造成影响,严重时可能会危及机组安全,打腿技能是吊救员下放过程中大腿带动小腿向旋转相反方向旋转摆动的方法,可以有效克服钢索旋转,始终保持面向目标状态,并给绞车手指示目标方向,距地面1~2 m时给出停止收放钢索手势。

图5-20 吊救员打腿克服旋转

2.最终指挥

吊救员在下放过程中,绞车手要根据目标位置,进一步指挥飞机向目标靠拢,或者要根据地面情况指挥飞机躲避障碍物。口令:"向左(右)前(后)×米,好,稳住"(给出"稳定"口令要考虑到飞机移动惯性,有一定的提前量)并要根据吊救员手势,继续操作绞车下放吊救员,到达目标区域内;吊救员根据运动趋势,给出"下放"和"停止"手势。

3.到达地(水)面

吊救员到达地(水)面后,绞车手口令:"吊救员到达地(水)面",同时密切关注吊救员状态,根据其手势放钢索,确保足够的钢索余度,并根据目标点位置指挥飞机;吊救员到达地(水)面后给出停放手势,向目标移动,按接触目标距离给出钢索收放手势。

4.准备提升

吊救员接触到目标后迅速进行绑定,协助目标员移动到绞车正下方位置并确定钢索挂钩锁牢,给出准备提升手势;绞车手操作动作要柔和,少量多次,将钢索拉紧,协助吊救员调整好起吊位置。(海上吊救时,绞车手待吊救员完成目标连接后指挥飞机下降高度,口令:"飞机下降高度至××米",同时慢收钢索,少量多次,将吊救员拉到绞车正下方,操作动作要柔和。)

(四)提升入舱

1.提升

准备好后,绞车手口令"吊救员开始提升",提升过程中绞车手要注意观察吊救员状态和手势,同时指挥飞机并手扶钢索克服摆动;吊救员双手环抱目标员,随时抬头观察绞车手和净空情况,判断距离舱门的位置。

2.临近舱门

绞车手在吊救员距离舱门2 m左右位置时应慢收钢索,并报告机长,口令"吊救员临近舱门";吊救员注意观察避免撞到机体,单手扶住遇险人员,另一只手呈托举姿势向上寻找机体;接触到机体后,迅速克服旋转,调整位置使目标员背对舱门继续提升。

3.进舱

吊救员肩部与舱门上沿平齐时,绞车手发口令"吊救员进舱"。绞车手提升吊救员肩部与舱门上沿平齐,抓住遇险人员所用吊救装备合适位置,放钢索将目标员和吊救员拉入舱内;吊救员扶住舱门上沿,伸手抓内侧框架,与绞车手配合先将目标员顶入舱内,随后自己入舱。

4.关闭舱门

入舱后,吊救员迅速转身向机舱内部后退,同时将遇险人员带至安全位置,稳定后,解除挂钩连接交于绞车手,安顿好目标员,在位置上就坐;绞车手复位绞车后关好舱门,并向机长报告,口令"后舱工作完毕"。

二、吊救标准口令

吊救标准口令是指在吊救过程中,机组人员之间为使精确指挥飞机、描述周围环境、确认指令动作等活动中能准确交流、简化用语、有效配合而形成的一套标准化的协同口令。主要用于绞车手和飞行员之间的交流,按照其功能作用,通常可分为指挥口令和告知口令两种。另外,飞行员和绞车手之间有时需要对口令做出回答和确认,这类口令称为口令回应。

(一)指挥口令

绞车手通过指挥口令指挥飞行员操纵飞机占据有利于吊救的位置,并避开吊救环境中的障碍物的口令称为指挥口令。根据直升机所处空间位置、状态,绞车手常用的指挥口令主要有以下几种。

(1)当直升机距离目标比较远时,绞车手会先进行方向指挥,口令:"发现目标,左(右)前方,向左(右)修"。飞行员回应"明白"。

(2)当目标回到飞机纵轴时,口令:"方向好";飞行员回应"明白"。

(3)当距目标还有××米时,绞车手口令指挥:"目标左(右)前××米、30 m,20 m,10 m,5 m,好、稳住";飞行员回应"明白"。

(4)下放吊救员接近遇险人员时,绞车手要根据目标位置,指挥飞机向目标靠拢,口令:"向左(右)前(后)×米,好,稳定"(给出"稳定"口令要考虑到飞机移动惯性,要有提前量);飞行员回应"明白"。

(5)吊救员下放过程中,如果飞机产生位移,绞车手应提醒飞行员飞机在向哪边移动,并给出指挥口令:"飞机左(右)移,向右(左)修×米,好,稳住");飞行员回应"明白"。

(6)吊救过程中,需要调整直升机姿态,且调整不会对直升机尾桨安全空间构成威胁时,绞车手口令:"尾桨左/右×度无障碍";飞行员回应"明白"。

(7)当吊救环境(如悬崖峭壁、舰船上的桅杆及天线等障碍物)可能威胁直升机尾桨安全空间时,绞车手需要对直升机姿态进行调整,口令:"向左/右移动尾桨×度";飞行员回应"明白"。

(8)当尾桨调整至安全位置时,绞车手提醒停止移动尾桨,口令:"尾桨稳定";飞行员回应"明白"。

(二)告知口令

绞车手通过告知口令通知飞行员目前的吊救工作状态,让飞行员对吊救进度有一个大致的掌握。根据吊救过程,告知口令主要包括以下几种。

(1)当绞车手和吊救员的救援装备准备完好时,口令:"报告机长,后舱准备完毕";机长回应"明白"。

(2)四转弯改出,绞车手请示打开舱门,口令:"后舱请示打开舱门";飞行员回应"可以"。

(3)飞机悬停稳定后,绞车手发出口令:"后舱开始工作";飞行员回应"明白"。

(4)绞车手出舱后,绞车手发出口令:"吊救员出舱"。

(5)吊救员到达地(水)面后,绞车手口令:"吊救员到达地(水)面"。

(6)吊救员提升准备好后,绞车手口令:"开始提升"。

(7)绞车手在吊救员距离舱门2米左右位置时,口令:"临近舱门"。

(8)吊救员肩部与舱门上沿平齐时,绞车手发口令:"人员进舱"。

(9)绞车手复位绞车后关好舱门,并向飞行员报告,口令:"后舱工作完毕";飞行员回应"明白"。

(三)口令含义

吊救用标准口令是机组之间快速、准确交流和协同的关键,机组人员尤其是绞车手和飞行员一定要牢记所有口令的内容及对应的动作含义。具体来说,常用的吊救用语见表 5-3,机组人员无论在训练还是搜救时,都必须使用标准口令交流。

表 5-3　吊救标准口令汇总表

序号	口令	动作/含义
1	目标×钟点方位	目标初次出现相对于直升机航向。初次呼叫后和巡回工作时省略"目标"二字。连续报告位置,直至目标到达"正前方"
2	正前方	目标处于 12 点钟位置,向前移动
3	向后/后方	距离目标的前后方向。也可用于趋势指引
4	左/右	距离目标的横侧方向。也可用于趋势指引
5	200,150,120,100,80,60,40,30,20,10,8,6,5,4,3,2,1	直升机和目标的距离大小
6	稳定	选定位置的正上方(水平轴线)
7	前 5、后 5	向前或后移动 5 个单位
8	左 5、右 5	向左或右移动 5 个单位
9	前 5 偏左/右	向前移动 5 个单位,带有左或右的趋势
10	后 5 偏左/右	向后移动 5 个单位,带有左或右的趋势
11	左 5 偏前/后	向左移动 5 个单位,带有前或后的趋势
12	右 5 偏前/后	向右移动 5 个单位,带有前或后的趋势
13	正前 5	向前移动 5 个单位
14	正后 5	向后移动 5 个单位
15	正左 5	向左移动 5 个单位
16	正右 5	向右移动 5 个单位
17	上/下 5	爬升/下降 5 个单位
18	高度好	飞机的高度适当,停止垂直机动
19	保持高度	情况已经改变,停止垂直机动,可能需要进一步的定位/吊运
20	……下降	与方向、距离信息同时使用,用于准备和控制下降运动
21	缓慢上升	开始垂直上升直到"高度好"或"离开甲板/表面"停止
22	你在爬升/下降	飞机高度正在增加/减小,停止爬升/下降,开始反方向的缓慢运动直到听到"高度好"
23	尾桨左/右无障碍	建议飞行员可以向左/右移动尾桨(可以给出详细度数)
24	向左/右移动尾桨	向左/右移动尾桨(可以给出详细度数)
25	尾桨稳定	停止移动尾桨

续 表

序 号	口 令	动作/含义
26	可以往前/后/左/右/上/下	建议性质术语。但必须目视检查所述方向,保证所述方向无障碍
27	可以……着陆	建议性质术语。沿着所述的方向下降和着陆是安全的
28	可以……悬停	建议性质术语。沿着所述的方向提升悬停是安全的
29	可以……上升和离开	建议性质术语。沿着所述的方向上升和离开是安全的
30	可以……爬升	建议性质术语。沿所述的方向爬升是安全的
31	离开甲板/地面/水面	建议性质术语。吊钩上的物体已经离开甲板(船面)/地面/水面
32	往前/后/左/右移动	沿着所指示的方向移动飞机
33	减小速度/爬升率/下降率	减小飞机的移动速度或移动量
34	增加速度/爬升率/下降率	增加速度或飞机的移动速率
35	速度好、爬升率好、下降率好、航向好	飞机的移动速度、速率或方向达到要求
36	放钢索到……准备做……吊运	按救助类型要求操作绞车
37	放钢索	放钢索,降低绞车吊钩,下放吊救员
38	收钢索	收钢索,提升吊救员和遇险人员,增加起飞重量
39	救生员脱钩	救生员已经和吊钩脱离
40	救生员连接	救生员完成遇险人员处置,正在重新连接挂钩
41	更正	我前面的话不正确,下面是正确的
42	继续	在飞机运动的同时,用于连接该运动的方向
43	开始悬停	暂停所有的垂直或水平的移动
44	上升! 上升! 上升!	飞机过低有危险,快速爬升直到"高度好"
45	切! 切! 切!	切断钢索

三、吊救手势

吊救手势也称为救生员手号,是绞车手和吊救员在没有条件进行无线电通话、或采用手势交流更为有效时使用的一种肢体交流方式。因为在吊救过程中,直升机旋翼转动时会产生强大的机械噪音,进而严重影响机组人员相互间交流的通话质量;而且吊救员都是离开直升机作业的,吊救手势便于吊救员与绞车手及机组人员相互间有效沟通,使机组人员之间不容易产生误解,进而节约宝贵的救援或特情处置时间。

规范的吊救手势可以方便绞车手和吊救员在吊救实施过程中的相互交流、传达信息,保证训练和任务顺利有效地进行。因此无论是绞车手还是吊救员都应该熟悉吊救手势的使用方法和含义。吊救手势分为基本手势和特情手势。基本手势就是正常绞吊过程中,绞车手和吊救员相互交流时用到的手势;特情手势是机载救援设备故障或因为出现其他特殊情况而需要采取相应措施时,绞车手和吊救员相互交流时用到的手势。

(一)常用手势的动作要领

常用手势是在吊救过程中使用频率最多的手势,可以占到搜索行动整个手势使用频率的 80% 左右,是吊救手势的基础。主要包括准备好手势、放钢索手势、收钢索手势、停止收放钢索手势、担架提升手势、飞机移动方向手势等。

1.准备好手势

准备好手势最为简单,但使用也最为频繁。它表示准备好、不错、没有问题等含义。动作要领是单手握拳,竖起大拇指,如图 5-21 所示。除特殊情况外,左右手均可给出该手势。

2.放钢索手势

放钢索手势是示意绞车手下放钢索,以便于吊救员到达地面或留足钢索余度以便于操作,如图 5-22 所示。其动作要领是:手臂平伸,手掌向下,以肩关节为轴直臂向下挥动。需要注意的是这个动作肘部不要弯曲,因为如果吊救员在地面曲臂给出手势,绞车手在距离远的情况下有可能认为其是在进行绑定工作,而不是放钢索的手势。

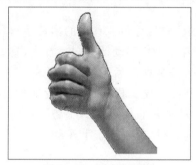

图 5-21 **准备好手势**

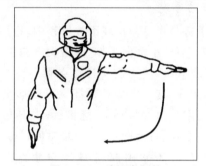

图 5-22 **放钢索手势**

3.收钢索手势

收钢索手势是示意绞车手回收钢索,以便于提升或防止钢索过长拖地或影响操作,如图 5-23 所示。其动作要领是:手臂平伸,手掌向上,以肘关节为轴曲臂向上挥动。使用这个手势需要注意两个方面:①手掌不要过顶,因为过顶的相似手势在战斗中是掩护手势,在战场搜索时会产生误判;②手势幅度要大、要准确、频率不要太高,否则在距离较远情况下,绞车手不易观察。

4.停止收放钢索手势

停止收放钢索手势是钢索长度刚好适合目前状况,不需要再做收放操作时使用的手势。如图 5-24 所示,其动作要领是:手臂平伸,手掌向下,以肘关节为轴,上臂不动,前臂水平挥动。上面提到的放钢索、收钢索、停止收放钢索手势,都是钢索收放手势,一般只有吊救员使用,用于指挥绞车手操作绞车。除特殊要求外,左右手都可以给出这 3 个手势。

图 5-23 收钢索手势

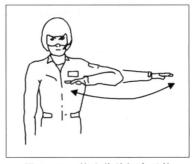

图 5-24 停止收放钢索手势

5.伤员/担架准备提升手势

伤员/担架提升手势是吊救员完成地面操作和遇险人员处置后,提示绞车手回收钢索、提升伤员/担架用到的手势。实际上收钢索手势也有此含义,所不同的是收钢索手势代表吊救员和担架一起提升,而伤员/担架提升手势是指担架先提升,吊救员在担架入舱后再次提升,因为吊救程序的不同使用不同的手势对绞车手是一种提示。其动作要领是:抬头看向绞车手,在引起其注意后,双手向两侧斜上方举起,手臂手掌伸直。

6.飞机移动手势

飞机移动手势是指吊救员在下放过程中,指挥飞机向目标位置移动的指挥手势。其动作要领是手臂平伸、手掌向下伸直,指尖方向指向需要飞机移动的方向。首先,它要在发现目标后使用;其次,使用前要打腿克服旋转,面向目标稳定后再给出该手势。另外,还要注意两点:第一,这个手势是指挥飞机的移动方向,不仅要指挥飞机靠近被救目标,还要指挥飞机避险,防止缠绕等特殊情况,尤其是在丛林吊救时;第二,手势使用时注意手臂要和身体垂直,不要指向目标,而是指向目标方向,这样便于绞车手观察。

(二)常用手势的使用时机及注意事项

1.绞车检查时的手势使用

在飞行前,绞车手要配合吊救员对绞车进行检查,检查完毕后吊救员给出"准备好"手势,绞车手收钢索,将钢索复位。这个手势使用时有两个注意事项:一是右手给出,二是直臂向右侧伸直给出。因为在检查绞车时,钢索是向飞机的右后方拖出的,如图 5-25所示,这时绞车手在机舱内操纵绞车,吊救员在飞机右后方,左手给出时可能会被机体遮挡。

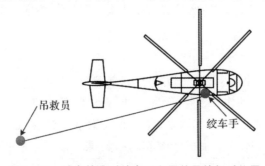

图 5-25 绞车检查时绞车手和吊救员的相对位置

2.穿戴检查时的手势使用

穿戴检查阶段手势是绞车手和吊救员之间相互对对方的装备进行最终检查确认,确认无误后相互给出准备好的手势。这个手势的使用需要注意两点:首先要在引起对方注意后再给出,因为检查人在检查对方装备的时候,对方的视线也在随之检查,等检查人检查完后,有可能对方的视线还在身上的装备上,这时直接给手势对方容易看不到,所以应首先轻拍对方肩膀引起注意后再给出;其次要曲臂给出,因为这时机舱内部相对狭小,两个人相对较近,曲臂给出手势一方面不会触碰到飞机其他部位,另一方面也更容易使对方看到。

3.准备出舱时的手势使用

检查完毕后,绞车手就要去打开舱门,这时吊救员应该在舱门附近就坐,坐稳后给绞车手一个准备好手势,告知绞车手已经准备好、可以开舱门,然后绞车手请示机长打开舱门。这个"准备好"手势应该是斜上方手臂伸直给出比较清晰。因为此时绞车手采用的是跪姿,吊救员是坐姿,向斜上方给出,绞车手更容易观察。当然如果两个人有一定的默契,这个手势可以改用眼神交流,但是为确保安全,一般不建议新员省略这个手势。

4.钢索连接时的手势使用

打开舱门后绞车手要下放钢索,交给吊救员进行连接。连接完成后吊救员应该给绞车手一个准备好手势,在这个过程中绞车手的视线应该也是观察吊救员的连接情况,确保连接牢固,所以说在吊救员给出手势后,绞车手应该也给吊救员一个准备好的手势。吊救员这时位置较低,所以同样应该斜向上给出准备好手势。重点要注意的是绞车手的手势,不能将准备好手势直接给到吊救员眼前,因为这时吊救员要开始向舱门口移动了,要是直接将手势给到他眼前,会影响他的下一步动作。所以绞车手应改用轻拍吊救员背部的方式告诉他连接确实没问题,可以移动,这样做还有一个好处,就是绞车手可以在轻拍吊救员背部后时,顺势拉住吊救员背部的肩带,因为下一步送吊救员出舱时,为了确保他的平稳,要一手操作绞车,一手拉着他的肩带将他送出,这样做可以提高工作效率。

5.准备出舱时的手势使用

吊救员坐到舱门口开始调整裆部带垫的时候,绞车手缓慢回收钢索使得救援吊带的提升带受力,受力后吊救员开始检查绞车挂钩和救援吊带与装备的连接情况,在确认连接无误后,吊救员给出准备好手势和收钢索手势。这时的准备好手势,要右手直臂给出,如图5-26所示,这主要是由于绞车安装偏机头位置,吊救员左手给出手势容易被机体遮挡。而这时的收钢索手势需要特别注意,它不是常用的收钢索手势,而是一个姿态语言,即吊救员一只手扶连接带,另一只手握住安全带连接锁扣。之所以用这个姿态语言来替代常用的收钢索手势,主要是防止吊救员忘记解脱安全锁扣,还可以使吊救更加流畅。

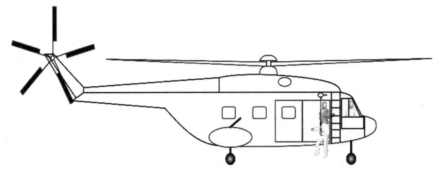

图 5-26　准备出舱阶段的准备好手势使用

6.准备下放时的手势使用

准备下放时使用的手势主要有两个,吊救员调整好姿态和舒适度后,连续给出准备好和放钢索手势,这两个手势的使用和吊救员的下放准备姿态有关。一般情况下吊救员下放主要有背向机舱和面向机舱两种姿态,都是正确的。那么手势使用的时候就要注意不要被机体挡住,所以背向机舱下放时用右手打手势,面向机舱下放时用左手打手势。

7.下放过程中的手势使用

开始下放后,绞车手要根据吊救员的飞机移动方向手势指挥飞机,这个手势在使用时不要指向目标而是要指向目标方向,如果有旋转要随身体旋转调整方向,不要向身后给出该手势;在临近作业面时,吊救员要给出一个停止收放钢索的手势,这个手势的含义有所变化,它是指让绞车手放慢放钢索的速度,而不是马上停止。因为这时绞车钢索的下放速度较快,以这个速度接地,吊救员很容易失去重心,有些情况下还会造成损伤。因此在临近作业面的时候要放缓放钢索的速度。但还要注意的是,如果吊救员持续给出停止收放钢索手势,就要停止放钢索,因为有可能吊救员碰到了特情需要处置,需要仔细观察,然后再根据其手势放钢索。

8.到达作业面的手势使用

到达作业面以后,吊救员要继续给出放钢索手势,因为无论绞车手和飞行员配合再默契,也很难精确的飞到最合适的处置位置,吊救员一般距离目标还有一段距离或者需要一定的钢索余度进行处置,这时停止放钢索就无法处置。正确的做法是一手扶配重,一手给出放钢索手势,倒退到目标附近并留够工作的余度后再给出停止收放钢索手势。

9.完成处置时的手势使用

完成对遇险目标处置后,要给被救的目标一个准备好手势,含义是绑定好了,要注意这个手势要曲臂给到被救人员眼前,引起其注意,并建立其实施吊救的信心。然后轻拍被救人员的背部提示其和吊救员一起移动到绞车正下方位置,再开始提升。因为直接提升会形成打摆,如图 5-27 所示,绞车手如果处置不当,很容易造成人员损伤。

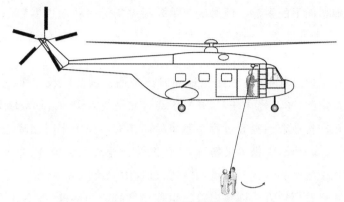

图 5-27　打摆特情的形成

10.准备提升时的手势使用

在准备提升阶段要连续使用六个手势:第一个手势是一个特殊的手势,吊救员要一手拖配重,一手拉挂钩,表达收钢索的含义。之所以要这样表示收钢索,因为在向绞车正下方移动过程中,如果不拉紧配重和挂钩,两者之间的连接很容易卡滞,且不方便移动;到绞车下方后,吊救员要注意首先抬头看绞车手,在目光交流后给出准备好、收钢索手势,准备好手势要直臂给出,掌心向上,便于绞车手观察;绞车手在见到收钢索手势后,要注意缓收钢索,而且要随时根据吊救员的停止收放钢索手势停止,因为吊救员身上的装备在受力后,吊救员要进行提升前的装备检查,确认没有问题后继续给出准备好、收钢索手势,绞车手再开始正常提升。

11.准备入舱时的手势使用

准备入舱时绞车手要根据经验自己停止收钢索,吊救员准备好以后,示意绞车手放钢索,配合入舱。这时吊救员应给出准备好、放钢索手势,但实际上吊救员此时要用双手稳定姿态,无法正常给出手势。所以这时绞车手和吊救员之间就要借助情态语言,利用眼神进行交流,这需要两人之间有一定的默契。入舱后,吊救员解除连接,绞车手将钢索复位,任务结束。

(三)特情手势的使用及处置

特情手势是在搜救直升机遭遇某些特殊情况而对吊救行动造成影响、或直接威胁机组人员安全时,采用的通报手势,救生人员在收到特情处置手势后要及时操作,防止特情造成进一步的危害。目前常用的特情手势有通话故障手势、绞车故障手势和切断钢索手势,其中通话故障手势和绞车故障手势是协同手势,需要机组人员配合进行处置。而切断钢索手势是告知手势,是切断钢索前对吊救员的告知。

1.通话故障手势

通话故障手势是当机组的通话系统出现故障无法语音交流时,绞车手向吊救员给出的手势信号。其动作要领为:绞车手重拍钢索,在引起吊救员的注意后,食指指向自己的嘴巴,再做出大拇指向下的手势。此时绞车手要根据实际吊救的进度和吊救员位置情况进行判断并做出合理的处置。一般来说,如图 5-28 所示,针对实际情况主要有 3 种处置流程。

(1)吊救员在下放过程中,还未接触地面时出现通话故障。绞车手应请他人协助告知机长,汇报人员情况,建议终止任务,并打手势告知吊救员机内通话故障。

(2)吊救员正在作业或在提升过程中距离舱门还有一段距离时出现通话故障。绞车手应请他人协助告知机长,汇报人员情况,建议继续作业或继续提升,并迅速和他人更换耳机,在汇报过程中应手势告知吊救员,并在该过程中继续正常操作。

(3)吊救员距离舱门较近或即将入舱时出现通话故障。不报告,不处置,正常提升入舱,完毕后报告。

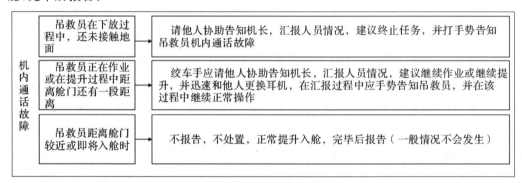

图 5-28　机内通话故障处置流程图

2.绞车故障手势

绞车故障手势是当绞车出现故障无法进行后续吊救任务时,绞车手向吊救员给出的手势信号。其动作要领为:绞车手拍钢索,在引起吊救员的注意后,食指指向手指绞车,再做出大拇指向下的手势。此时绞车手应报告机长绞车故障,汇报人员情况,手势告知吊救员,迅速检查连接情况和手柄,请飞行员协助检查电门开关。如果连接松动或电门未开,处理完成后,建议机长继续工作。如果处置无果,则确认绞车故障。具体处置流程如图 5-29 所示,主要分为以下 3 种情况。

(1)吊救员距离舱门较近时出现绞车故障(安全绳可连接)。绞车手迅速观察附近情况,适合机降时,建议机长机降处理;不适合机降时建议机长协助吊救员入舱,经同意后,首先连接安全绳,然后协助吊救员及遇险人员入舱,解除连接后报告机长。

(2)吊救员距离舱门较远,不具备机上协助入舱条件时出现绞车故障特情。此时绞车手应认真观察附近情况,分别按照以下流程处理。

1)如果在陆地位置出现绞车故障特情。主要有两种情况:①地面障碍物较低,不影响飞行安全。此时应建议机长下降高度,吊救员脱钩,回收钢索到机舱,找合适位置机降收回吊救员;②地面有障碍物,下降高度影响飞行安全时,应建议机长提升高度,寻找合适机降场所机降处理。

2)如果在水上位置出现绞车故障特情。主要有两种情况：①距离海岸线较近，应建议机长飞到陆地机降处理；②距离海岸线较远时，应建议机长下降高度，吊救员脱钩，飞机盘旋观察，等待其他救援。

（3）吊救员正在作业面进行操作时出现绞车故障特情。绞车手应示意吊救员绞车故障，迅速脱钩，等待处置完成后或它机继续救援。

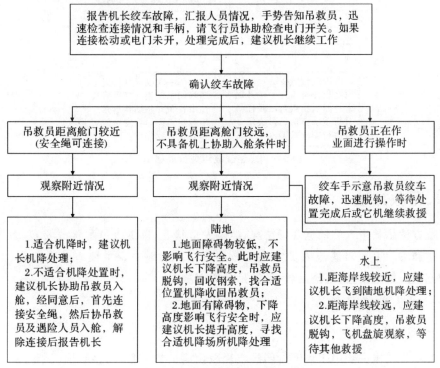

图 5-29 绞车故障处置流程图

3. 切断钢索手势

切断钢索手势是当绞车钢索和地面物体发生缠绕，绞车手和吊救员处置无果，且对机组安全产生重大威胁而应急切断钢索时，绞车手向吊救员给出的告知手势。其动作要领为：绞车手拍钢索，在引起吊救员的注意后，手掌并拢快速做出切喉咙的动作。但在切断钢索前，绞车手应根据实际配合吊救员进行处置，首先报告机长钢索缠绕，并汇报缠绕情况，询问飞机状态。如图 5-30 所示，按照以下处置流程分别处置。

（1）当直升机状态良好，可以继续悬停时。由吊救员根据情况进行处置，如果在飞机失去状态前解脱缠绕，则报告机长缠绕解脱，建议终止任务，开始提升钢索。机组对吊救任务进行重新评估后再决定是否进行二次救援。

（2）当机长告知飞机状态无法保持时。绞车手建议或机长提示即将切断钢索，打手势告知吊救员即将切断钢索，吊救员迅速寻找安全位置和方式自我保护。

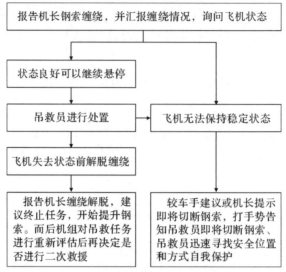

图 5-30 缠绕故障处置流程图

四、吊救方法

吊救方法是救生人员根据现场情况、遇险人员状态、机组人员配置等要素,采用不同吊救装备和不同手段对遇险人员实施营救的方法。一般来说主要有单人单套、双人单套、双人双套、吊架吊救、吊椅吊救、吊篮吊救等方法。

(一)单人单带吊救

1. 使用时机

单人单带救援一般用于受困无伤病或轻微伤病员的吊救,大多数情况下是用于救援有快速救援带的应用经验或是接受过相关培训的人员,也可以在吊救员或机组人员的指导下使用该方法。这种吊救方法在用于没有经验的人群时,有两种可能,一种是机组没有吊救员时,另一种是吊救员不方便同时起吊时。当机组没有吊救员时,机组应通过广播系统,对使用方法进行讲解,当吊救员不方便同时起吊时可以由吊救员协助操作。但一般不用于老人、儿童或是精神状态不稳定的人员。

2. 吊救程序

(1)绞车手把快速救援带用绞车放到遇险人员面前。

(2)遇险人员自己或在吊救员的帮助下套住一根快速救援带,并锁紧安全限位环。

(3)吊救员提示遇险人员双手握住快速救援带的延长带位置准备起吊,并告知其在起吊过程中绞车手会注意控制钢索的摆幅。

(4)当遇险人员到达机舱门口时,绞车手使遇险人员背对直升机,抓住快速救援带背后拉环,下放钢索的同时,用力将遇险人员拉进舱内。

(5)遇险人员进入机舱内安全位置,绞车手解除其快速救援带,指挥他到一个安全的位置上,并系好安全带。

(二)双人单带吊救

1.使用时机

双人单带吊救是指吊救员使用一根快速救援带,对单个遇险人员实施吊救的方法,是直升机吊救行动中最常使用的一种方法。主要用于单个轻微伤员的吊救,或多个遇险人员的多次吊救,由于有吊救员在提升时进行保护,因此相对单人单带救援要更安全。

2.吊救程序

(1)吊救员根据个人习惯将快速救援带携带在左臂/右臂位置。到达地面后,迅速判断直升机的位置,将直升机保持在自己右手边45°位置,能见机尾处,指挥绞车手给出合适长度的钢索,并注意多余钢索摆动情况,避免缠绕。

(2)吊救员保持和直升机角度不变,以倒退的方式到达遇险人员附近。和遇险人员面对面站好,提示其不要慌乱,而后根据快速救援带的携带位置,在左臂携带时用左手拉住遇险人员右手,反之用右手拉其左手。

(3)将快速救援带自然套入其右臂/左臂,并顺势将救援带绕至被救人员腋下,拉紧限位环后轻拍被救人员背部,示意其一起移动到直升机绞车正下方。轻拍被救对象双臂,提示其夹紧快速安全带。

(4)示意绞车手准备提升,并同时检查挂钩和锁扣连接情况;检查连接无误后,示意绞车手收钢索,如果有缠绕或锁扣卡滞等情况,则迅速给出"停止收放钢索"手势,捋顺挂钩、锁扣、吊带后重新给出"收钢索"手势。

(5)开始提升后,继续观察连接情况,双手扶住被救人员头部,双脚要尽量伸直踮脚调整,缓慢离地,待双脚完全不能接触地面后,夹紧被救人员身体;提升过程中吊救员应注意提示被救人员用双手拉紧快速救援带或者抱住吊救员腰部,小心其由于紧张等原因触碰到安全锁扣。

(6)临近舱门时要及时用手扶机舱克服旋转,双腿尽量上提踩稳机舱门口位置,右手扶机体侧部扶手位置,身体顶住被救助对象。

(7)绞车手看吊救员稳定后,拉住快速救援带背后的黑色拉手,相互点头或给出准备好眼神,开始下放钢索,用力将被救人员拉入舱内。

(8)吊救员在将被救人员顶入舱内后,迅速以左脚为轴转身退入机舱内部,解开连接。绞车手按程序复位绞车、关闭舱门,并报告机长。

3.注意事项

(1)救援过程中绞车挂钩要始终在视线范围内,不要夹至腋下,否则飞机失去状态时吊救员容易翻滚或受伤。

(2)提升前轻拍被救对象双臂,提示其用手臂夹紧快速安全带,并引导其双手放置于合理位置;抱被救目标时要夹住双臂,不要抱被救目标的腋下位置,否则快速救援带容易脱落。

(3)提升过程出现打转时吊救员不要打腿,双手保护好被救助人员正常提升即可;出现打摆时,绞车手应停止提升,制动之后再继续操作绞车。

（4）海上救援时,如果目标情绪不稳定,可采用背部救援的方法,左手拉目标左手将快速救援带套入目标头部,并移到胸前位置,在背部拉紧救援带,压住其双臂开始提升。

（5）到地面时,如果距离目标太远,吊救员应继续给出"放钢索"手势,面向飞机小步快速倒退到目标位置,留足钢索的操作余度后给出"停止收放钢索"手势,然后再开始操作。到地面时要最快速度移动到目标位置,开始连接,而不是将目标带至绞车下方后再开始连接,这样一方面可以减少飞机失去位置而人员还未绑定完毕的情况,另一方面还可以避免钢索余度重复收放,降低连接可靠性。

（6）吊救员将被救目标移动到飞机钢索正下方的过程中,绞车手应根据判断适当回收钢索余度。

（7）提升过程中一手扶住被救目标、一手保护被救目标头部,不用扶连接带。

（8）在提升过程中如果发现连接环横向卡滞,距离地面较近时要示意绞车手重新下放,距离舱门较近时则直接提升。

（9）水中吊救时如果时间较长体力消耗较大,可以先套半臂提升到较低位置休息,然后重新下放绑定,连接牢固后再提升。

（三）双人双带吊救

1. 使用时机

双人双带吊救是指吊救员使用两根快速救援带,对单个遇险人员实施吊救的方法,是直升机吊救行动中对无法行动的人员进行营救的便捷方法。双人双带吊救一般用于脚部、腿部受伤无法自行移动或手臂受伤无法加紧快速救援带的一般伤病人员。需要注意的是这种吊救方法严禁用于脊柱受伤或膝部以上、颈部以下骨折的遇险人员。因为这种吊救方法会使其躯干部分弯曲,进而造成伤情的恶化。

2. 吊救程序

（1）吊救员准备时将两根快速救援带携带到一侧手臂,并按照流程出舱及下放。

（2）到达作业面,按照上述程序倒退到被救目标附近,开始连接绑定;将一根快速救援带连接到被救目标腋下位置,另一根快速救援带连接到被救目标膝盖上部位置。

（3）吊救员收紧限位环后,提示绞车手开始提升。绞车手此时应缓慢收钢索,吊救员扶住被救目标离开地面后将其调整到绞车正下方位置并给出"停止收放钢索"手势,并迅速检查连接情况和吊带是否捋顺,发现问题及时给出下放手势调整,确认无误后给出"收钢索"手势,绞车手开始正常提升。

（4）开始提升后,吊救员继续观察连接情况,一手扶住被救人员头部,一手扶住被救人员膝盖位置,双脚要尽量伸直踮脚调整,缓慢离地,待双脚完全不能接触地面后,收起双腿托住被救人员腰部位置。

（5）提升过程中吊救员应注意提示被救人员将双手拉紧快速救援带或者抱在胸前,避免其由于紧张等原因触碰安全锁扣。

（6）临近舱门时要及时用手扶机舱克服旋转,提升到合适位置后,绞车手应拉住被救目标胸部位置快速连接带背后黑色拉手,将其头部位置对准机舱调整为垂直于机体位置;吊救员在此过程中应迅速找到拉手或扶稳机体,并抬起被救目标将其双腿置于胯下位置夹紧,双脚踩稳机舱内部平台。

(7)待被救人员稳定后,吊救员目视绞车手点头或给出眼神,示意可以入舱;此时绞车手拉紧被救目标胸部位置快速连接带背后黑色拉手,同时下放钢索,将被救目标拉入机舱内部;吊救员随着钢索下放,将被救目标顶入机舱并迅速转体退入机舱内部。

(8)待被救人员置于安全位置并稳定后,吊救员可以解脱锁扣和挂钩的连接,将配重交于绞车手,并迅速协助被救目标退入机舱内部更安全位置。绞车手按程序复位绞车、关闭舱门,并报告机长。

3.注意事项

(1)由于要同时携带两个快速救援带,因此一定要将其捋顺,一般挂于左肩且先于救援吊带挂入绞车挂钩。使用时同样要注意捋顺,不要有缠绕。

(2)提升前轻拍被救对象双臂,提示其用手臂夹紧快速安全带,并引导其双手放置于合理位置,防止其双手触碰安全锁扣。

(3)开始提升时绞车速度一定要慢,因为双带吊救时被救人员一般距离飞机正下方还有一段距离,直接提升容易打摆,绞车手应配合吊救员首先缓慢收钢索,将被救助对象置于绞车正下方并检查完毕后再正常提升。

(4)提升过程出现打转时吊救员不要打腿,用双手保护好被救人员正常提升;提升过程出现打摆时,绞车手应停止提升,制动之后再继续操作绞车;吊救员保护被救目标时应一手扶头、一手扶腿;在提升过程中如果发现连接环横向卡滞,距离地面较近时要示意绞车手重新下放,距离舱门较近时直接提升。

(四)吊架吊救

1.使用时机

吊架吊救是使用吊救担架(简称吊架)对遇险人员实施吊救的一种方法。吊架吊救是对重伤人员,尤其是脊柱受伤、无意识人员、膝部以上颈部以下位置骨折人员吊救的唯一安全方式。一般来说,吊架吊救可用于所有遇险人员的营救,但是由于其操作复杂、提升难度大、入舱困难,吊救的效率不高。并且吊救员和遇险人员同时提升时由于受风面积大,在直升机下洗气流的影响下极易产生高速旋转,处置难度较大。基于以上原因,在直升机吊救时吊架吊救一般是最后选项。

2.吊救程序

(1)吊救员出舱前要携带好吊架和引导绳,如果是拼装式吊架应在出舱前拼装完毕。

(2)按照要求准备好营救吊架并置于舱内合适位置,手势告知绞车手准备好。

(3)绞车手打开舱门、下放钢索,将挂钩交于吊救员,吊救员将吊架和吊带连接锁扣挂入绞车挂钩,检查后双手抱起吊架出舱,坐在机舱口(一手扶吊架内侧,一手拉住外侧出舱,出舱坐稳后不要松手,带绞车手将钢索提到合适位置,吊架受力后再放手),而后再调整穿戴和连接点。绞车手在吊救员坐稳后适当提升钢索让吊架吊挂带受力。

(4)吊救员下放时要采用背对舱门方式,防止吊架在下放过程中损坏机上设备;下放过程中不要打腿,可以适时给出"飞机移动方向"手势;到达地面后扶住吊架倒退到被救目标身边,并调整吊架方向和目标头脚方向一致。

(5)解开连接锁扣时,要解开被救目标便于入架方向一侧的锁扣,将浮筒和固定带放置于吊架外侧;将遇险人员抱入吊架内部,系好固定带,将剩余固定带对折两次后固定好,连接好连接锁扣,将引导绳连接到吊架脚部位置外侧的吊挂带处。

(6)打手势"准备提升"和"收钢索",开始提升并使得吊架受力后,吊救员扶稳吊架到绞车正下部位置,并同时检查吊架连接情况,出现问题打"停止收放钢索"手势,迅速调整后继续给出"收钢索"手势。

(7)开始提升后吊救员拉住牵引绳向机头或机位移动,使得吊架和飞机平行提升,在吊架提升过舱门底部并到达合适位置后,吊救员利用牵引绳使得吊架和飞机垂直,绞车手拉住吊架头部位置。

(8)吊救员在观察到绞车手拉住吊架头部位置后,用力拉牵引绳,将其连接处的细绳拉断,绞车手放钢索将吊架拉入舱内,和机内其他机组成员一起将被救助对象置于安全位置后解除连接;重新下放钢索将吊救员吊入舱内,关闭舱门后汇报。

3.注意事项

(1)使用吊架营救时,由于吊架操作时间长,如果飞机出现无法保持状态的情况,吊救员要主动脱钩,并继续操作绑定,吊救员完成处置后飞机重新实施吊救。

(2)使用吊架营救时,如果吊救员要和遇险人员同时提升,在连接绞车挂钩时,应该吊架锁扣先入、救援吊带后入。

(3)在实际使用吊架过程中,绞车手注意力要高度集中,重点注意飞机状态,时刻注意收放钢索,保证钢索余度。

(五)吊篮/吊椅吊救

1.使用时机

吊篮吊救是使用营救吊篮/营救吊椅对遇险人员实施营救的一种方法。吊篮/吊椅由于具有操作简单,无须连接或连接迅速等优势,主要应用于水面吊救等一些不便于连接和协作的吊救环境中。因为在水中操作装备时很难快速安全的进行连接和绑定,而吊篮/吊椅可以让遇险人员直接进入或坐上,更便于吊救员的操作,对于有操作经验的遇险人员完全可以不需要吊救员的协助即可完成吊救。

2.吊救程序

(1)绞车手、吊救员按照程序穿戴好安全装备,携带快速救援带,将引导绳挂于左侧吊带挂钩处,连接安全带,相互检查。

(2)按照要求准备好营救吊篮/吊椅并置于舱内合适位置,手势告知绞车手准备好;绞车手打开舱门,下放钢索将挂钩交于吊救员,吊救员将挂钩和吊篮/吊椅连接并检查后给出"准备好"手势,然后双手扶住吊篮/吊椅,待绞车手缓慢回收钢索时借力将吊篮/吊椅移至舱外稳定。

(3)吊救员在舱门口蹲稳后,绞车手缓慢下放钢索,吊救员随着钢索下放逐步下蹲并最终坐于舱门口,绞车手看到吊救员坐稳后停止下放钢索。

(4)吊救员调整吊带,检查连接,确认无误后给出"准备好"手势,并双手扶稳吊篮/吊椅,绞车手开始收钢索,将吊救员平稳送出舱外,并正常下放。

(5)到达地面后吊救员脱钩,协助被救人员进入吊篮/坐上吊椅,在吊篮被救人员脚部一侧连接好引导绳(吊椅无须引导绳)。

(6)吊救员检查连接无误后,给出"准备好"及"收钢索"手势,然后双手扶稳吊篮待其稳定提升后,手拉牵引绳克服旋转,绞车手操纵绞车稳定提升(使用吊椅时,吊救员同时提升即可)。

(7)提升过程中,吊救员首先利用牵引绳使得吊篮与机舱平行,待吊篮高度高于机舱底部时使其和机舱垂直,看到绞车手拉稳吊篮准备入舱后,用力拉断引导绳,使得引导绳和吊篮脱离(使用吊椅时,吊救员做双人单带吊救相似的入舱准备)。

(8)绞车手在拉稳吊篮后,下放钢索的同时,将吊篮拉入舱内,协助被救助人员到安全位置,然后重新下放钢索,将吊救员吊入舱内,任务结束(使用吊篮时直接拉入即可)。

3.注意事项

(1)吊救员在连接绞车挂钩时,应该吊篮/吊椅锁扣先入、救援吊带后入,以方便到地面后吊救员脱钩。

(2)在实际使用吊架过程中,绞车手更要注意飞机状态,时刻注意收放钢索,保证钢索余度。

(3)吊救员在吊篮提升过程中,拉牵引绳不要太用力,防止提前拉断引导绳。

第六章　吊救员基本搜救程序

第一节　遇险人员基本营救程序

一、营救前期准备

营救程序是吊救员吊救行动的基础,可用于所有遇到的遇险人员。

(一)机组准备

1.评估状况

搜救直升机一旦到达搜救现场就应该开始评估情况,搜救机组人员应根据以下信息评估情况并制定营救策略:

(1)遇险人员人数/类型。

(2)遇险人员的位置、他们与对方和搜救单元间的位置和距离。

(3)遇险人员已知和/或可见的损伤:有/无意识、可见出血、环境伤害、有/无骨折等。

(4)漂浮装置充气/未充气/吊救员面朝下。

2.建立通信

如果已知遇险人员有无线电,搜救机组人员应在吊救员下水前尝试通过无线电与遇险人员通信,在吊救过程中,需要对以下通信要求予以关注。

(1)吊救员下水时应携带无线电通信设备。如果营救情况和最初的评估相差巨大,吊救员和搜救单元之间的通信就至关重要了。

(2)当手势/光电信号无法有效传递吊救员的营救策略/方法时,吊救员应该通过无线电和搜救单元进行通信。

(3)吊救员在水中操作时,绞车手应时刻目视观察其状态。

(4)救援现场的每个搜救单元应始终监控指定吊救员主无线电频率,直到包括吊救员在内的所有人员进入机舱。

吊救员下水后,应通过手势发出一切正常信号,并快速检查和直升机之间的无线电通信。随后吊救员可以接近遇险人员。在接近过程中,吊救员应抬起头,目视遇险人员,并尝试通过口语或视线与遇险人员进行交互。在接近过程中,吊救员应持续评估环境、遇险人员的状态,包括遇险人员告知吊救员的一切伤病。

3. 接近、控制

采用本章第三节所述的适当方法,吊救员应接近遇险人员试图获得对遇险人员的控制,并开始营救/解脱程序和伤病状况评估。在整个营救方案中,始终保持对遇险人员的身体控制至关重要。吊救员通过使用绕胸或拖领/装的方法保持对遇险人员的身体控制,或仅仅在解脱/营救过程中进行简单的身体接触。吊救员还可以将其吊救带挂钩和遇险人员连接,或用腿环绕遇险人员的身体,解放吊救员的双手进行其他操作。使用绕胸或拖领/装的方法进行拖曳游泳,把遇险人员拉到上风方向,远离降落伞伞衣(如果有)、碎片等。

(二)移除氧气面罩/检查呼吸

如果遇险人员仍然戴着氧气面罩,这可能表明他受到了撞击、昏迷或其他伤害,从而无法自行取下氧气面罩。这可能表明他需要立刻进行营救和实施医疗处置。从遇险人员的脸上取下氧气面罩如图 6-1 所示。

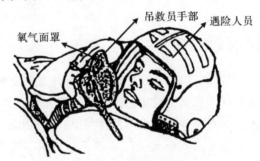

图 6-1 解脱氧气面罩

从头盔上取下氧气面罩后,立即检查呼吸情况:

(1)如果遇险人员说话,则存在呼吸。

(2)目视检查遇险人员的嘴和/或鼻子。

(3)吊救员侧脸或徒手感触呼吸。

(4)将面罩放在遇险人员的口/鼻处,检查是否起雾。

若仍无法确认是否有呼吸,则稍微倾斜遇险人员头部和捏住其鼻子进行两次人工呼吸。无自主呼吸是非常致命的情况。如果遇险人员没有了呼吸,吊救员就应该立刻对其进行两次人工呼吸。如果还不行,应示意绞车手立刻营救遇险人员。在完成基本营救程序后,吊救员再继续对其进行人工呼吸。

(三)清理障碍物

如果遇险人员头部有障碍物、伞绳和筏式系索等,应予以清除,如图 6-2。而后对其进行观察,判断是否有危及生命的损伤。吊救员在水中可判定为危及生命的损伤有无呼吸和严重出血,通过目视和触摸的方法可检查遇险人员是否受伤。如果发现任何堵塞呼吸道、影响呼吸和/或血液循环,或其他可能危及生命的威胁,应尽可能快地营救遇险人员。

图6-2 清理遇险人员周边

在营救跳伞人员时,处理完其头部障碍物后,还要解开其身上用于连接降落伞的背带,以便于给其个人漂浮装置充气。否则可能会挤压遇险人员的胸部,甚至对遇险人员造成严重伤害。

二、遇险人员脱离救生筏

给遇险人员佩戴个人漂浮装置始终是安全的做法,并且将更快更安全地完成营救。因此在下放之前,吊救员应尽一切努力确定遇险人员的漂浮状态。除了吊救员个人使用的漂浮器材外,为遇险人员准备额外的个人漂浮器材是很好的做法。提供额外个人漂浮器材有两个好处:吊救员不需要将其个人使用的漂浮器材给遇险人员,并且将花费更少的时间,因为吊救员不需要花费时间来解除漂浮器材。

当遇险对象戴有飞行员头盔并与救生衣一起使用时,在松开头盔固定带或头盔被取下之前,不要给救生衣充气。因为如果不松开固定带,漂浮组件可能会向上推到头盔而导致固定带堵塞遇险人员的气道。如果遇险人员原有的漂浮器材无法使用,吊救员可以解除其漂浮器材,换上预先额外准备的漂浮器材。

将遇险人员从救生筏中解脱出来的位置,一般是救生筏上防止遇险人员入水的位置。根据吊救员的判断,救生筏可能会被刀刺破,并在遇险人员被移走之前、期间或之后沉没。吊救员在此之前,一定要告诉遇险人员你想把他们从救生筏上解脱出来的意图,否则可能会导致遇险人员惊慌失措,变得不合作。一般来说,有放气、拖拽、翻滚三种救生筏脱离法。

1.救生筏放气脱离法

如果遇险人员头部、颈部或脊柱有已知或怀疑的损伤,吊救员应从救生筏下方沉没救生筏,以便使遇险人员脱离救生筏,称为救生筏放气脱离法。而且在所有使单个人员脱离救生筏的方案中,这个方法应是吊救员的首选方法,其处置流程如下。

(1)吊救员将自己置于遇险人员身后,紧紧抓住遇险人员安全带、飞行服或衣物(不要抓漂浮装置)。

(2)吊救员一只手保持对遇险人员的控制,另一只手用刀给救生筏放气。这样做是为了远离遇险人员,确保不会伤害遇险人员或吊救员。

(3)救生筏放气时,吊救员收起刀具(如果可以),或丢弃。

2.救生筏拖拽脱离法

使用"拖拽"脱离法使遇险人员从救生筏中脱离时可不使用刀具,但如果遇险人员头部、颈部或脊柱有已知或怀疑的损伤,不要使用此方法,具体步骤如下。

(1)控制遇险人员。如果吊救员不能通过遇险人员的吊带/衣服对其牢固的控制,吊救员可以选择抓住遇险人员的两个腋窝。但吊救员应首先确保这种方法不会导致遇险人员进一步受伤。

(2)吊救员位于遇险人员后方;用膝盖顶住救生筏,并牢牢抓住遇险人员肩胛骨之间的安全带、飞行服或衣物(不要抓漂浮物)。

(3)吊救员同时将遇险人员向上拉过救生筏气囊,同时用膝盖抵住救生筏气囊向下推开。

3.救生筏翻滚脱离法

在确定遇险人员头部、颈部或脊柱没有损伤时,还可以使用救生筏翻滚脱离法,将遇险人员从救生筏上滚下,具体步骤如下。

(1)吊救员位于遇险人员后方;用膝盖顶住救生筏,并牢牢抓住遇险人员肩胛骨之间的安全带、飞行服或衣物(不要抓漂浮物)。

(2)吊救员将遇险人员和救生筏向左或向右滚动。通常情况下,吊救员左右摇晃遇险人员/救生筏两次,并将遇险人员继续滚动以获得动力。

(3)在第三次摇晃时,吊救员将遇险人员滚入水中。

(4)一旦遇险人员入水,吊救员立刻将其翻滚至背面朝下并恢复平稳。

需要注意的是,救生筏应在对最后一名遇险人员进行最后检查之前沉没。空的、充气的救生筏会对航行造成危险,或者被其他水面或航空平台发现会消耗不必要的搜救资源。但如果现场指挥预案认为需要回收救生筏进行事故调查,则只能通过救生船或舰艇,而不能使用直升机。一旦遇险人员全部离开救生筏,且吊救员认为救生筏没有再次利用的必要,吊救员应在继续营救之前,使用伞刀对救生筏放气。需要注意的是,一些大型救生筏有两个充气室,需要全部刺穿才能完全放气。

当遇险人员离开救生筏,且救生筏得到妥善处置后,吊救员可继续执行营救任务。把遇险人员拖到上风方向,如果可能的话,远离救生筏、降落伞(如果有的话)、碎片和燃料。

三、解除树木缠绕

1.所需装备

当飞行员仍与降落伞相连,在树上被吊起时,可能需要树木解脱程序。虽然在解除缠绕时不同情况下存在一定的差异,但一般在解除树木缠绕时,以下装备是必不可少的。

(1)两个头盔(helmet)、两副防护手套(handling gloves)、一双攀爬钉鞋(climber's

spikes)。

（2）一个索降吊带（rappel harness）、一根登山带（climber's belt）、两根杆带（pole straps）。

（3）一根连接投掷包的安全绳（适合吊救的长度）（belay line）、一根连接投掷包的索降绳（45m或75m长）（适合吊救的长度）（rappel rope）、一卷管状尼龙带（25 m）（tubular nylon webbing）。

（4）一个索降控制器（descent control device）、一根单绳滑轮（可选）（single rope pulley）。

（5）一把双刃刀（blade knife）、12个快捷锁扣（locking carabiners）、8字型救生配件（rescue 8）、一个急救包（medical kit）。

（6）一个吊架（litter）。

2. 树木缠绕营救准备

如果可能，直升机应尽量降落在最接近遇险人员的位置，并派遣两名救生员携带营救装备到现场实施营救，根据任务不同，两名救生员一名为攀爬救生员、一名为地面救生员。如果无法降落，救生员应使用绞车或索降方式下放。

攀爬救生员应该准备：一个头盔；一副防护手套；一个索降吊带；一双攀爬钉鞋；一根攀爬腰带；两根杆带；一根连接投掷包的安全绳；一根连接投掷包的索降绳；一个索降控制器；10个快捷锁扣；两根6 ft长的尼龙织带；一根12 ft长的尼龙织带。攀爬救生员在营救过程中应全程穿戴头盔和防护手套。地面救生员在整个吊救过程中应穿戴头盔并在操纵绳索时佩戴防护手套。

管状尼龙织带的两端应按图6-3所示打圈结。在爬树之前，应在两根6 ft和12 ft长的管状尼龙织带上打结。救援时应携带一些额外的钩环和扁绳。以防在营救过程中装备的无意掉落。如果可能，在此过程中救生员应合力将遇险人员身上的束缚器材移除。在爬树之前，如图6-4所示，确保安全绳的末端要打一个"8"字结。

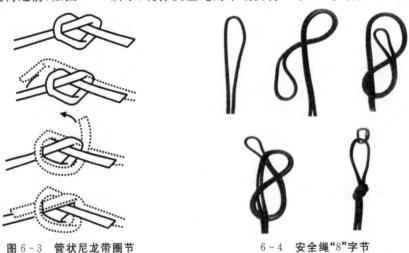

图6-3　管状尼龙带圈节　　　　6-4　安全绳"8"字节

3. 解除树木缠绕

当遇险人员的降落伞被上方粗壮的树枝缠绕时，救生员需要按照以下步骤解除飞行员身上的缠绕。

（1）仔细检查枝干的强度和上方不稳定的枝干，因为掉落的枝干可能会导致遇险人员和救生员受伤。

（2）如果救生员必须爬上树干，应该使用两个杆带。在遇到叉枝时，应首先将一个杆带连接到叉枝上方，再移除叉枝下方的杆带。

（3）救生员在攀爬时，应使用攀爬腰带和攀爬钉鞋，在攀爬到遇险人员上方的叉枝上前，要确认这个叉枝能够同时承受救生员和遇险人员两个人的重量。在攀爬到遇险人员头部位置上方的枝干上时，救生员应绕枝干拴好杆带。

（4）救生员沿着枝干向遇险人员移动，直到距离遇险人员一臂距离之内。此时，救生员应找合适机会，取下遇险人员的氧气面罩，将固位颈圈套在遇险人员的脖子上。

（5）吊救员利用两个 6 ft 长的管状尼龙织带将两个独立的支撑点固定在树杈上，并在支撑点上系上快捷锁扣，确保所有快捷锁扣都关闭并锁死，如图 6-5 所示。

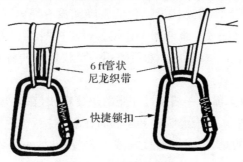

图 6-5　支撑点连接

（6）当一名攀爬救生员在树上操作时，地面救生员按照以下步骤进行营救准备：准备好医护装备；装配好吊架；找一棵树作为锚点，需要注意的是这棵树和遇险人员悬挂的树应该不是同一棵；用快捷锁扣将 12 ft 长的尼龙织带固定在锚点树的底部位置；一旦攀爬救生员将安全绳扔到地面，地面救生员使用弹簧安全板或"8"字营救环将其拴到锚点树的底部，如图 6-6 和图 6-7 所示。

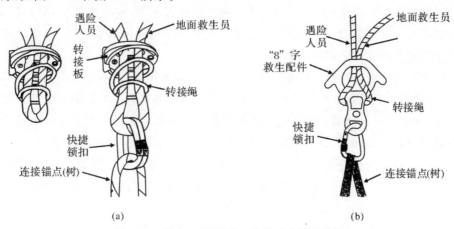

(a)　　　　　　　　　　　　　(b)

图 6-6　锚点、地面救生员和遇险人员的转接

(a)使用弹簧安全板完成转接；(b)使用"8"字营救环完成转接

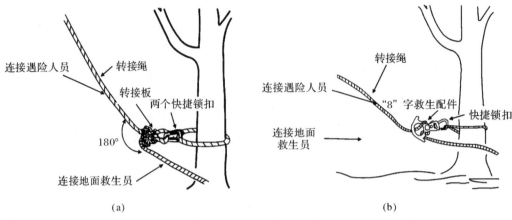

图 6-7　锚点的连接固定

(a)使用弹簧安全板连接锚点;(b)使用"8"字营救环连接锚点

(7)攀爬救生员在树上使用连接投掷包的索降绳没有绳索保护装置的一端,穿过一个快捷锁扣。而后将索降绳最少绕两圈半连接到索降控制器上,缠绕时应确保索降绳始终从保险栓的一端绕进,另一端绕出。然后使用一个快捷锁扣将索降控制器连接到索降吊带上,做好索降准备。

(8)攀爬救生员将保护绳的一端穿过外侧的快捷锁扣,在绳索的末端通过一个"8"字节连接到一个快捷锁扣上。安全绳临时和攀爬救生员连接,然后安全绳的另一端投掷给地面救生员。需要注意的是,当向地面投掷或下方装备时,小心不要打到遇险人员或地面救生员。

(9)完成准备后,攀爬救生员可以将钉鞋和索降绳投掷到地面。如果攀爬救生员决定在营救过程中始终穿着攀爬钉鞋,应小心钉鞋扎伤自己腿部或者遇险人员。

(10)将杆带从树上或枝干上解开,并解除锁定、开始索降,直到攀爬救生员头部略高于遇险人员头部位置。需要注意的是在索降前要对索降设备进行全面检查,并确定好索降位置,防止在索降后无法横向调整位置。

(11)攀爬救生员在接触到遇险人员后,锁定索降控制器,稳定好姿态,将一根 12 英尺长的管状尼龙织带绑成一个环装节,把遇险人员安全地连接到安全绳上,而后使管状尼龙织带穿过连接在安全绳末端的快捷锁扣上。

(12)救生员确保快捷锁扣连接到遇险人员穿着的吊带上,而不是连接到降落伞的提升带上,否者当提升带打开时遇险人员将会掉落。每一个管状尼龙织带的末端都连接着快捷锁扣,并且两个快捷锁扣各连接遇险人员降落伞吊带肩部的一侧织带。这种方法可以使下放时遇险人员背部的位移最小,直到其被安置到吊架内,如图 6-8 所示。

(13)一旦遇险人员被固定到安全绳上,地面救生员将安全绳收紧,从而缓解降落伞提升带上的拉力。为帮助下降遇险人员的制动,地面救生员应将安全绳环绕在其背部下侧位置,并采用一个能够较好保持平衡和提供支撑的姿势。

(14)当降落伞提升带的拉力松弛后,攀爬救生员应从降落伞上将吊带解下,或者根据需要将提升带割断。

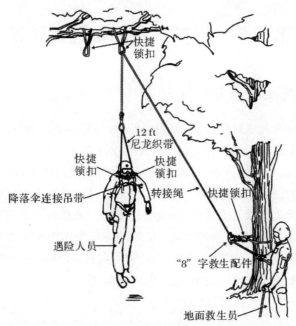

图6-8 遇险人员连接下放

（15）当地面救生员缓慢下放遇险人员时，攀爬救生员应同时和遇险人员一起索降并在下降过程中保护其绕过障碍物，直至接触到地面。如果怀疑人员脊柱受伤，遇险人员应在悬吊状态下停止下放并将其安置到吊架上，如图6-9。

（16）地面救生员可以将安全绳打成一个不需要手操作的安全结，以协助攀爬救生员实施营救。

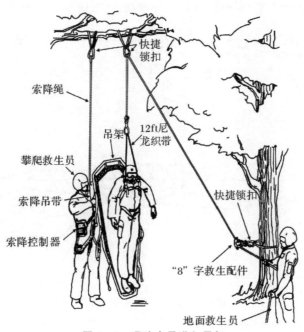

图6-9 遇险人员进入吊架

第二节　遇险人员的接近及处置

一、遇险人员接近程序

水中遇险人员的营救风险性较大,也相对复杂,吊救员处置相对困难,以下主要以水中营救为例介绍吊救员的处置程序。入水后,吊救员应立即和绞车手进行目视交流,并给出"我很好"手势,而后开始检查和绞车手之间的无线通信情况,确认无故障后开始接近遇险人员。在吊救员实际控制遇险人员之前,吊救员应充分考虑遇险人员告知的受伤类型。无意识的遇险人员默认为是头、颈或脊柱受伤。吊救员只有在必要时才能采取暴力手段控制遇险人员,吊救员要将防止遇险人员进一步受伤作为其主要职责之一。

吊救员可以使用三种方式接近遇险人员:后方接近、正面接近和潜泳接近。这些接近方式的选择主要取决于遇险人员是否清醒、有无浮漂。

1. 后方接近

后方接近是吊救员最常用的一种接近方式,所有有意识的遇险人员都应该采取后方接近的方式。以下为后方接近的程序。

(1)后方接近遇险人员,头部要始终在水面上并观察遇险人员,如图6-10(a)所示。

(2)当距离遇险人员2 m左右时,迅速转弯并尝试和遇险人员进行交流。如果遇险人员没有反应,则拍打水面并大声喊以引起其关注。

(3)引起其关注后,单臂环绕遇险人员胸部或拉住其衣领,如图6-10(b)所示。

(4)一手环绕遇险人员,一手向其后方划水前进,如图6-10(c)所示。

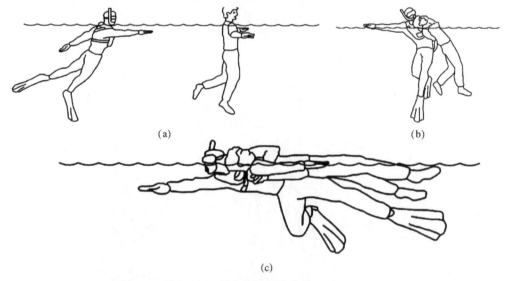

(a)　　　　　　　　　　　　　　　　(b)

(c)

图6-10　后方接近遇险人员

(a)接近遇险人员;(b)接触遇险人员;(c)携带遇险人员划水

2.正面接近

当接近无意识的遇险人员时,吊救员应按照以下程序,正面接近遇险人员。

(1)正面接近遇险人员,头部要始终在水面上并观察遇险人员。

(2)在到达距离遇险人员一臂距离时,向下翻转寻找遇险人员手臂,如图6-11(a)所示。

(3)判断移动的距离,在合适时机吊救员伸出手臂向遇险人员另一侧交叉牢牢抓住其手腕的背部,右手抓右腕或左手抓左腕。而后吊救员后倾,采用仰泳姿势踢水,拉动遇险人员的手臂使其面部向上翻转,并躺于吊救员身上,图6-11(b)所示。

(4)当遇险人员的背部完全翻转入水,吊救员单臂环绕遇险人员胸部或拉住其衣领向其后方划水前进,图6-11(c)所示。

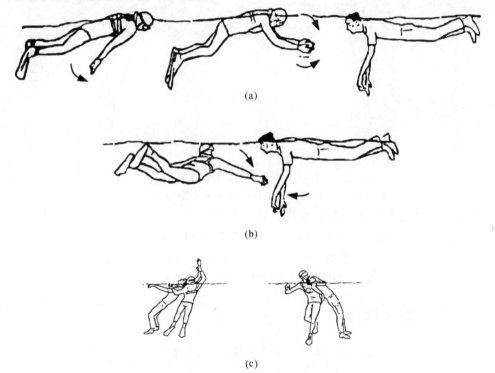

(a)

(b)

(c)

图6-11 正面接近遇险人员

(a)寻找遇险人员手臂;(b)翻转遇险人员;(c)携带遇险人员划水

3.潜泳接近

在接近惊慌失措的遇险人员时,吊救员应采用以下的潜水程序接近。

(1)正面接近遇险人员,头部要始终在水面上并观察遇险人员。

(2)当距离遇险人员2 m左右时,对营救状态进行评估。在合适的时机下潜到遇险人员下部,如图6-12(a)所示。

(3)旋转半圈后(遇险人员的背部面向吊救员)上浮,如图6-12(b)所示。

(4)上浮时伸出一手臂从其腋下穿过,拉住其胸口另一侧从而固定遇险人员,如图6-12(c)所示。

(a)   (b)

(c)

图 6-12　潜泳接近遇险人员

(a)下潜接近;(b)绕行上浮;(c)固定遇险人员

吊救员潜泳接近遇险人员时,应注意以下事项。

(1)如果遇险人员还未脱离降落伞或者被降落伞缠绕,不要使用潜泳方式接近。

(2)在吊救员连接跟随索的时候,可能会影响其潜水接近遇险人员。

(3)吊救员必须注意干/湿衣服附加的浮力,防止提前上浮。

二、带人划水程序

带人划水有两种方式,分别是绕胸划水和拖领/装划水。

1.绕胸式带人划水

绕胸式带人划水的程序如下。

(1)吊救员从遇险人员肩部背后位置将手穿过遇险人员的腋窝并绕过其胸部拉住遇险人员,如图 6-11(c)所示。

(2)吊救员将遇险人员的肩膀置于腋窝位置,手臂紧紧抓住遇险人员的胸部。

(3)遇险人员侧倾,臀部紧贴吊救员背部的一部分。吊救员用腿用力划水,脚部踢水提供动力。

(4)如果遇险人员变得恐慌并反抗吊救员的营救,吊救员应将其自由的一只手穿过遇险人员的另一个腋窝进行双手绕胸的划水。

需要注意的是,当人员佩戴充气的漂浮装置时,很难使用绕胸式带人划水。

2.拖领/装式带人划水

拖领/装式带人划水的程序以下：

(1)吊救员手臂平伸，肘部不要弯曲，从后背的肩胛中间位置抓住遇险人员衣领或者飞行装备(非漂浮器材)，如图 6-13 所示。

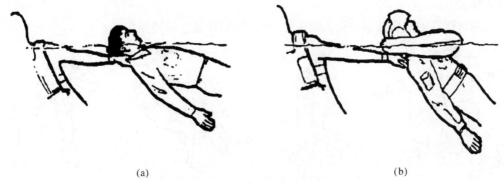

(a)　　　　　　　　　　　　　　　　(b)

图 6-13　拖领/装式带人划水

(a)拖领式划水；(b)拖装式划水

(2)吊救员采用侧划姿势游泳，用腿用力划水，脚部踢水提供动力。

需要注意的是，吊救员在拖拽时，不要以可能导致遇险人员呼吸困难和旋转的方式抓握。

三、脱离/逃脱程序

如果吊救员被惊慌或反抗的遇险人员抓住，无论是从正面还是后侧被束缚，吊救员都必须能够挣脱(逃脱)，或者在不伤害遇险人员的情况下对其进行反制。如果吊救员无法准确判断遇险人员是否处于惊慌或反抗状态，应从遇险人员的抓握中逃脱后，立刻移动到安全距离，并再次对其状态进行评估。

1.正面头部束缚解脱

遇险人员如果用双手从正面束缚住吊救员头部，腿部将吊救员腰部夹紧，应按照如下程序解脱。

(1)感觉到遇险人员的手臂环绕吊救员头部时，吊救员应迅速吸一口气并咬紧牙关，将下巴向下方一侧收拢。然后吊救员伸展手臂向上方划水，这将会产生向下的动力使两人被水淹没，如图 6-14(a)所示。

(2)如果遇险人员的头部在吊救员的右侧，吊救员应抬起右臂从遇险人员环绕的手臂外侧将手抵住遇险人员的右脸颊，小拇指抵住遇险人员鼻子侧方，大拇指扣住其下巴，如图 6-14(b)所示。

(3)吊救员另一只手的拇指紧握遇险人员肘部上侧位置，向上使力举起其手臂。

(4)在这个持续的动作的作用下，遇险人员的手臂被举过吊救员头顶，其头部被吊救员右手按住转向另一侧。这是一个按压动作，并持续到遇险人员的背部面向吊救员，如图 6-14(c)所示。

（5）吊救员的左手持续抓住遇险人员的手臂，直到右手从遇险人员的脸部移动到胸部位置，再转换成绕胸式的主动控制划水姿势，如图6－14(d)所示。

（6）如果遇险人员还用腿夹住吊救员，一般情况下，头部束缚解脱后，其腿部的束缚也会随之解开，但如果没有解开，就需要吊救员利用另一只手插入遇险人员两脚踝之间将束缚解开。

如果遇险人员头部在吊救员的左侧，用相反动作进行同样处置。

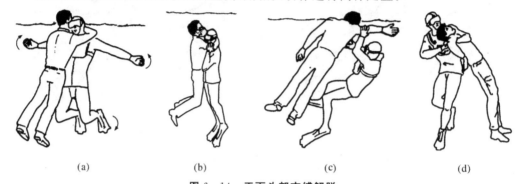

（a）　　　　　　　（b）　　　　　　　（c）　　　　　　　（d）

图6－14　正面头部束缚解脱

(a)吊救员向上划水；(b)吊救员准备解脱；(c)解脱束缚；(d)完成遇险人员控制

2.正面头部束缚逃逸

当遇险人员从前方抓住吊救员的头肩部位置，吊救员应立刻实施以下动作：

（1）感觉到遇险人员的手臂环绕吊救员头部时，吊救员应迅速吸一口气并咬紧牙关，将下巴向下方一侧收拢。然后吊救员伸展手臂向上方划水，这将会产生向下的动力使两人被水淹没，如图6－15(a)所示。

（2）不要停顿，吊救员双手伸开放在遇险人员髋部外侧位置顶住其身体，拇指扣住遇险人员的两侧。伸直手臂大力推操使遇险人员的身体向后、向上逐渐呈水平姿势。这样会形成一个杠杆力，使遇险人员松开手臂，如图6－15(b)所示。

（3）吊救员可以通过收拢下巴和肩部的方式摆脱头部束缚。然后将遇险人员推开，如图6－15(c)所示。

（4）吊救员在安全距离上对营救状况进行重新评估。

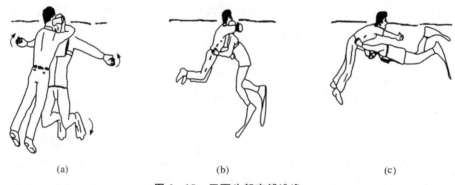

（a）　　　　　　　　　　（b）　　　　　　　　　　（c）

图6－15　正面头部束缚逃逸

(a)吊救员向上划水；(b)遇险人员松开束缚；(c)吊救员完成逃逸

3.头部后侧束缚解脱

头部后侧束缚可能是吊救员面临的最危险的情况。吊救员必须迅速正确的使用以下程序避免可能的伤亡或淹溺。

(1)感觉到遇险人员的手臂环绕吊救员头部时,吊救员应迅速吸一口气并咬紧牙关,将下巴向下方一侧收拢。然后吊救员伸展手臂向上方划水,这将会产生向下的动力使两人被水淹没,如图 6-16(a)所示。

(2)吊救员将双手放于遇险人员的手腕位置(上下均可)并向下拉动,如果拉的是右手,在手松动后吊救员左手旋转到其手腕内侧,右手上移到其肘部位置(如果拉的是左手,则正好相反),如图 6-16(b)(c)所示。

(3)通过向内和向下旋转遇险人员的手腕,并向上推动遇险人员的肘部,解脱束缚,如图 6-16(d)所示。直至遇险人员的前臂被扭转至其背部,遇险人员位于吊救员身前位置,如图 6-16(e)所示。

(4)在遇险人员背后的这个位置,吊救员应该使用绕胸的方式控制遇险人员并划水。

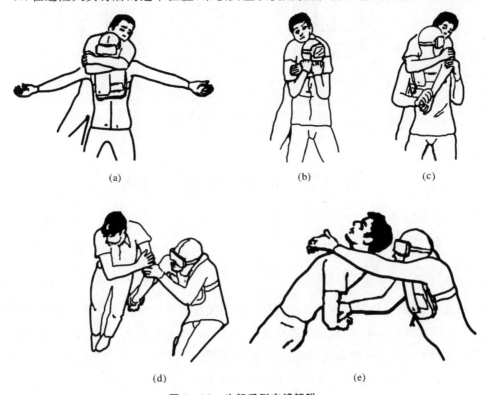

(a)   (b)   (c)

(d)   (e)

图 6-16 头部后侧束缚解脱

(a)吊救员向上划水;(b)抓住遇险人员手腕;(c)旋转手腕推动肘部;

(d)遇险人员松开束缚;(e)完成遇险人员控制

4.头部后侧束缚逃逸

头部后侧束缚可能是吊救员面临的最危险的情况。吊救员必须迅速正确使用以下程序避免可能的伤亡或淹溺。

(1)感觉到遇险人员的手臂环绕吊救员头部时,吊救员应迅速吸一口气并咬紧牙关,将下巴向下方一侧收拢。然后吊救员伸展手臂向上方划水,这将会产生向下的动力使两人被水淹没,如图6-17(a)所示。

(2)吊救员伸手抵住遇险人员任何一只手臂的下侧。保持下巴收拢、肩部收缩的同时,用力向上推其手臂摆脱其对吊救员头部的束缚,如图6-17(b)所示。

(3)吊救员将遇险人员向后推,使其远离自己。而后面向遇险人员,防止其再次抓住自己。

(4)吊救员游离遇险人员的接触范围,在水面上重新评估营救状况。

(a)   (b)

图6-17　头部后侧束缚逃逸

(a)吊救员向上划水;(b)摆脱束缚

第三节　吊救员的现场处置

一、降落伞解除处置程序

1.特别注意事项

从飞机上跳伞/弹射出来并被降落伞缠住的飞行人员给吊救员带来的挑战和危险是最大的。因为营救需求,吊救员需要熟练掌握飞行人员各种类型吊带、配件、降落伞和漂浮装置等救生装备的结构和使用方法。此外,搜救人员应对飞机常用的航空救生系统、救生装备有全面系统的了解,并在每年的年度训练中至少使用一次这些装备。一般来说在营救被降落伞缠住的飞行人员时应注意以下事项。

(1)脊柱固定对于弹射的飞行人员而言非常必要。对于从航空器弹射的飞行人员,无论遇险人员是否报告任何疼痛或损伤,机组都应假定其可能有头部、颈部或脊椎损伤。默认使用吊架进行营救,以防止潜在的生命威胁或神经损伤。在使用吊架的同时,全脊柱固定,包括颈部固定也应该尽早使用。

（2）吊救员不得进入降落伞充气伞衣下方。如果充气的伞衣倒塌和下沉,吊救员和遇险人员都可能被困或淹死。

（3）降落伞不允许在吊救员和遇险人员之间。吊救员可能会看不到遇险人员和/或缠绕在降落伞和/或伞绳上。

（4）在任何解脱降落伞的营救中,吊救员都必须脱钩处置,严禁在连接绞车情况下进行处置。

（5）当遇险人员被淹没的降落伞缠住时,吊救员必须快速有效地解开遇险人员。因为在水流作用下,淹没的降落伞将很容易将人员、木筏和小船拖入水下。

2.解除降落伞缠绕

首先应根据需要利用潜水手段解除缠绕,以确保所有伞衣/伞绳远离遇险人员。观察遇险人员的侧面,从头到脚进行解除,移除所有缠绕物和碎片。只有在必要时才应割断伞绳,一般应使用袖珍伞绳切割器。当有必要割断伞绳时,吊救员应格外小心,只有在万不得已的情况下才能使用开刃刀。

遇险飞行人员一般身上都穿有集成吊带,在对遇险人员进行处置时,不要在水中解除其集成吊带,因为其包含了提升用的"D"型环。而且解除吊带必须首先移除漂浮器材,这样可能会增加遇险人员溺水的风险。集成吊带的肩部位置一般都有一个快卸配件,如图6-18所示,有的配件上集成了一个感应解除单元(Parachute Harness Sensing Release Unit,PHSRU),在遇水后可自动将降落伞脱离,如果快卸配件的脱离板没有集成该单元或该单元失效时,可以通过打开其盖板,向下推动脱离杆的方式解开该配件,从而将遇险人员吊带上连接的降落伞解除,不会对救生员产生任何伤害。

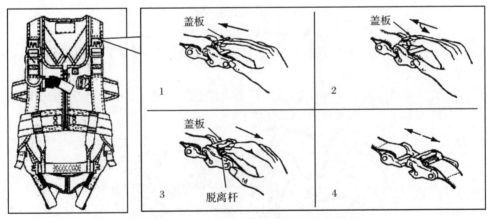

图6-18 飞行人员集成吊带快卸配件的使用

3.伞衣充气处置程序

当遇险人员被一个充气的降落伞伞衣覆盖,吊救员应按照如下程序处置。

（1）当接近伞衣时,尝试建立和遇险人员的联系。

（2）游到距离遇险人员最近的降落伞边缘对着伞衣的顶端,如图6-19所示。

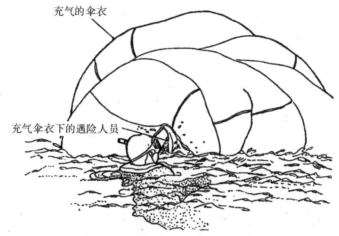

图 6 - 19　尝试与遇险人员建立联系

（3）吊救员抬起降落伞的边缘，如图 6 - 20(a)所示，拉动伞绳直到可以够得着遇险人员，并逐步将伞衣收到手中，如图 6 - 20(b)所示。

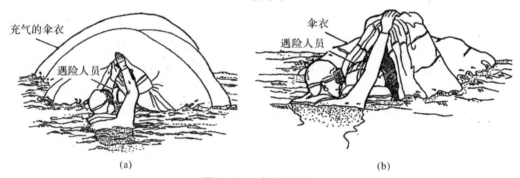

（a）　　　　　　　　　　　　　　　　　　　（b）

图 6 - 20　伞衣的回收

（a）抬起伞衣边缘；（b）拉动伞绳回收伞衣

（4）如果需要，吊救员使用其另一只手臂使遇险人员转身，并紧紧拉住遇险人员吊带的背部。

（5）吊救员将遇险人员拉到身边，并将降落伞从遇险人员头部推开，如图 6 - 21 所示。

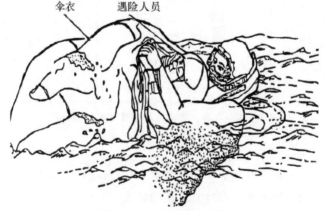

图 6 - 21　控制遇险人员

(6)将遇险人员拉出降落伞后,不要停止,继续将其拉向上风位置,并远离降落伞伞衣。

(7)当遇险人员被拖离降落伞伞衣时,使用遇险人员穿戴的背带系统的脱离程序,解开遇险人员和降落伞的连接。

4.伞衣沉没时的处置

如果遇险人员被沉没的降落伞缠绕,吊救员判断在降落伞将其拖入水下前无法解除降落伞,应采用以下程序进行处置。

(1)如果有救生船可用,吊救员应该使用无线电或手势告知救生船协助营救。如果没有可以立即使用的救生船,吊救员应该向直升机给出信号,使其在遇险人员上方进入悬停。

(2)吊救员将遇险人员救生衣吊带的提升装置连接到大救援挂钩上,并立即继续进入解除程序。

(3)当吊救员解除降落伞并做好提升准备时,直升机的救援绞车应使得遇险人员的头部在水面之上。

在解除过程中绞车手和吊救员要有效配合,注意以下几方面:①直升机的绞车手应操纵绞车对直升机的悬停变化进行补偿,使遇险人员保持一个稳定的位置;②在任何的情况下,如果降落伞还没有完全解脱,遇险人员都不能提升;③当吊救员将遇险人员从下沉的降落伞中完全解脱后,可以选择将遇险人员从救援钩上解开。

二、吊救员紧急处置程序

(一)遇险人员漂浮装置失效处置

在营救过程中,吊救员可能会遇到有损坏或没有漂浮装置的遇险人员。如果只有一名遇险人员的漂浮装置有问题,吊救员可以选择在不为遇险人员提供额外漂浮装置的情况下完成救援。如果吊救员漂浮装置不能解下,应向搜救直升机给出需要漂浮装置的信号。绞车手用吊钩下放一个个人漂浮装置或救生筏。在下放吊救员之前,应判断遇险人员是否有漂浮装置。如果判断遇险人员没有漂浮装置、漂浮装置无法使用或从救生单元上无法判断漂浮装置的状态,下放吊救员时就应该给其携带一个个人漂浮装置或单人救生筏。当吊救员携带一个漂浮装置时可以通过跳入或绞车下放的方式入水,而且应该从尽可能距离遇险人员较近的地方入水,防止过多游泳消耗体力。具体操作来说,在处置时需要区分清醒和无意识的人员。

1.清醒的遇险人员的处置

(1)吊救员将自身漂浮装置给遇险人员。如果吊救员选择将其自己的漂浮装置给遇险人员,吊救员就应尝试确定遇险人员配合的程度。如果认定遇险人员是配合的,吊救员应该按照以下程序处置。

1)使用正面接近的方式接近遇险人员,并进行交互。

2)当距离遇险人员 2 m 左右时快速转向。

3)取下救生面罩,松开并解下漂浮装置,再重新戴上面罩。

4)给充气装置充气,抓住背带,递给遇险人员。如果时间或遇险人员的状况允许,吊救员应该用嘴对充气管充气,这可以确保漂浮装置不会充气过度,并且适合遇险人员的头部。这也排除了一旦遇险人员登上搜救直升机后就更换漂浮装置的需求。对于一些遇险人员来说,完全充气的漂浮装置很难放置在头部位置。在这种情况下,吊救员可以指示遇险人员排出部分气体。当遇险人员处于吊救员的控制中时,吊救员可以根据需要,通过口腔充气管或拉动球状充气系索对救生装置充气。

5)指导遇险人员将漂浮装置口袋向外戴在头上。

6)当遇险人员穿漂浮装置时,吊救员应该右手拉着漂浮装置的背带游到遇险人员的右侧或后侧。

7)将左臂放在遇险人员的胸前,漂浮装置下方位置,抓住漂浮装置的扣环。将背带绕在遇险人员的背部,并将其卡入扣环中,拉紧背带。在完成该步骤之前,吊救员不应松开漂浮装置背带。

(2)吊救员从搜救直升机获取漂浮装置。如果吊救员选择从救生单元上向遇险人员提供LPU-32/P漂浮装置,吊救员就应尝试确认遇险人员的合作程度。如果认定遇险人员是合作的,则按照以下程序处置。

1)使用正面接近法接近遇险人员,并进行交互。

2)当距离遇险人员2m左右时快速转向。

3)当抓住漂浮装置背带时,将拉链全部拉开以便于协助其佩戴。

4)将LPU-32递给遇险人员,并协助其佩戴。在将漂浮装置佩戴到遇险人员头上前绝对不要充气。因为由于口腔充气管的设计,当漂浮装置佩戴到遇险人员头上需要排出气体时非常困难。

5)指示遇险人员正确佩戴漂浮装置,因为有些漂浮装置正反完全相同,哪一边朝外并不重要,但是有些漂浮装置有正反之分,要格外注意。

6)当遇险人员穿漂浮装置时,吊救员应使用合适的手握住背带并在遇险人员身后游弋。

7)将合适的手臂放在遇险人员的胸前,在漂浮器材下,抓住漂浮器材的腰扣。将背带绕在遇险人员的背上,并将其卡入腰扣中,收紧背带。在完成该步骤之前,吊救员不应松开漂浮装置背带。

8)为漂浮装置充气。

(3)吊救员从搜救直升机获取救生筏。如果吊救员从营救平台给遇险人员一个救生筏,就应采取以下步骤处置。

1)使用正面接近法接近遇险人员,并进行交互。在接近遇险人员时,吊救员应试图确定遇险人员的合作程度,在确认其合作后再继续以下步骤。

2)当距离遇险人员2m左右时快速转向。

3)拉住扶手带时,为充气阀充气。

4)将救生筏推给遇险人员,并指示遇险人员登上救生筏。一旦成功登上救生筏,吊救员可指示遇险人员通过上部口腔充气管对救生筏的下半部分充气。在完成该步骤之前，吊救员不应放开救生筏的跟随索。

需要注意的是，救生筏不能作为昏迷和疑似头部、颈部或脊柱受伤遇险人员的漂浮装置。而且如果遇险人员无法独立登上救生筏，吊救员可以使用以下步骤协助。

1）吊救员使用左臂实施绕胸式划水或装备/衣领拖曳遇险人员。这时吊救员应该在救生筏和遇险人员之间。

2）吊救员应用右手抓住救生筏顶部向下大约1/3距离的位置。

3）用力下拉救生筏，同时将遇险人员从自己身上顶入救生筏。继续此操作，直到遇险人员的头部和躯干位于救生筏内。

4）在不松开救生筏的情况下，滑到遇险人员的脚边，将其推入救生筏内。

5）协助遇险人员在救生筏内移动，直到遇险人员处于稳定的位置。

6）指导遇险人员如何使用最上面的口腔充气管（如需要）给救生筏底部充气。

2. 无意识遇险人员的处置

（1）吊救员将自身漂浮装置给遇险人员。当吊救员将其个人的漂浮装置给漂浮装置缺失或损坏的失去知觉的遇险人员时，应按照以下程序处置。

1）使用正面接近法接近遇险人员，并尝试和遇险人员交互，确定无反应。

2）当到达遇险人员一臂距离处，迅速转向。

3）取下面罩，松开并取下漂浮装置，然后再戴上面罩。

4）给漂浮装置充气。确保口袋朝内，然后吊救员应将其右臂穿过漂浮装置脖孔。可能很难在一些遇险人员的头部佩戴完全充气的漂浮装置。在这种情况下，吊救员可能会排出一些漂浮装置的气体。一旦漂浮装置可以佩戴到遇险人员的头部，吊救员可以通过口腔充气管充气，并且继续佩戴程序。

5）吊救员左手采用绕胸的方式抱住遇险人员，同时使用右臂将漂浮装置的口袋朝外佩戴到遇险人员头上。

6）吊救员将左手放在遇险人员的胸前漂浮装置下，抓住漂浮装置腰部扣环。将背带绕在遇险人员的背部，并将其卡入腰部扣环中，拉紧背带。

7）检查呼吸。如果没有或不确定是否有呼吸，稍微倾斜其头部和捏鼻子给遇险人员两次人工呼吸。

8）吊救时，一般使用吊架，这是营救无意识遇险人员的首选装备。除非遇险人员有危及生命的致命伤（无呼吸、严重动脉出血），或者极端的外部环境限制了吊架的使用。

（2）吊救员从搜救直升机获取漂浮装置。当吊救员选择使用搜救直升机的漂浮装置，营救一名无意识的漂浮装置缺失或损坏的遇险人员时，吊救员应按照以下程序处置。

1）使用正面接近法接近遇险人员，并尝试和遇险人员交互，确定无反应。

2）当到达遇险人员一臂距离处，迅速转向。

3）打开漂浮装置，吊救员将遇险人员右臂穿过漂浮装置脖孔。

4）吊救员左手采用绕胸的方式抱住遇险人员，同时使用右臂将漂浮装置口袋朝外佩戴到遇险人员头上。

5)将左手放在遇险人员的胸前漂浮装置下,抓住漂浮装置腰部扣环。将背带绕在遇险人员的背部,并将其卡入腰部扣环中,拉紧背带。吊救员应将漂浮装置放在手臂上方,腰部带扣向前,这样吊救员可以轻松将其安装到遇险人员右侧的腰部带扣上。使得吊救员可以将背带夹在腰部带扣上,而无需切换手臂或重新扭转腰部安全带。

6)把漂浮装置拉链拉上。

7)为漂浮装置充气。在将其佩戴到遇险人员头上前绝对不要充气。由于口腔充气管的设计,当佩戴到遇险人员头上需要排出气体时非常困难。

8)检查呼吸。如果没有或不确定是否有呼吸,稍微倾斜其头部并捏鼻子给遇险人员两次人工呼吸。

9)吊救时,一般使用吊架,这是营救无意识遇险人员的首选装备。除非遇险人员有危及生命的致命伤(无呼吸、严重动脉出血),或者极端的外部环境限制了吊架的使用。

(二)吊救员"安全暂离"

在营救过程中,在完成对遇险人员的营救,进入搜救直升机之前,吊救员可能会决定是否需要和遇险人员解除连接。一般情况下,一旦吊救员开始对遇险人员进行营救,吊救员将不得和该遇险人员脱离,除非需要"安全暂离"。以下几种情况,吊救员可以在完成营救之前决定"安全暂离"并和遇险人员解除连接。

(1)有多名遇险人员,如事故直升机机组人员、乘客或军事人员。

(2)吊救员需要获取搜救直升机下放的救生筏/浮式设备并充气。

(3)另一名遇险人员的医疗或生存设备状况突然恶化,需要立刻援助。

在"安全暂离"前,遇险人员应该满足以下条件:

(1)遇险人员正在呼吸,没有明显的危及生命的伤病。

(2)遇险人员穿着可操作的救生衣,或在可操作的救生筏上。

(3)遇险人员完全没有被缠绕,没有系在降落伞上。

(4)如果在晚上,吊救员应给遇险人员安装照明设备(闪光灯、荧光棒等)。

以下几种情况,吊救员在完成救援前不允许和遇险人员脱离(未包括所有情况)。

(1)相比"安全暂离",继续营救更快。

(2)如果遇险人员有明显的危及生命的伤病(没有呼吸或严重出血)。

(3)环境不允许,如海洋掠食者、巨浪、温度、能见度受限等。

(三)使用救生筏安置遇险人员(仅适用吊救员)

单个或多个救生筏为多个遇险人员提供了良好的集结区域。如果在营救中有许多遇险人员在营救现场,并且直升机有一个或多个救生筏,救生员应按照以下程序处置:

(1)通过无线电或手势向直升机发送下放救生筏信号。

(2)游到已展开的救生筏或连接着救生筏的救生钩旁边,并将救生筏与吊钩分离,然后充气(如适用)。

（3）充气后,若救生筏是倒置的,则对其进行调整。如果使用多个救生筏,就应尽力将救生筏系在一起。

（4）指示/协助遇险人员登上或抓住救生筏。如果发现重伤的遇险人员,救援人员就应首先营救这些遇险人员。

（5）如有可能,吊救员应向遇险人员说明营救行动计划,主要包括:所有人员的的营救顺序;如何将遇险人员转移到搜救单元上;营救装置使用的安全预防措施。

（6）一次从救生筏中接出一名遇险人员。帮助遇险人员游离救生筏足够远,以使旋翼下洗气流不会影响救生筏中的剩余遇险人员,并向搜救单元发出信号,下放选定的营救装备。

（四）不合作的遇险人员处置

吊救员有时会遇到遇险人员不合作的情况。不合作的遇险人员可以分为两种不同的类型:惊慌型和反抗型。

（1）惊慌失措的遇险人员通常希望获救,但由于身体不适、陌生的环境或害怕溺水,因此可能会对吊救员和他们自己造成威胁。吊救员通常可以通过口头保证和/或提供漂浮装置的方法安抚惊慌失措的遇险人员。一旦遇险人员平静下来并愿意获救,可使用本章所述的适当救援程序。

（2）反抗的遇险人员最初可能不希望被营救,并且可能会抵抗吊救员的营救。吊救员在接近反抗的遇险人员时,遇险人员可能会故意伤害吊救员或自己。这种行为可以无限期地持续下去,即使在吊救员反复承诺提供保证和营救。遇险人员可能具有反抗性的迹象有:先前有精神不稳定的行为,如自杀未遂、自己跳入水中等;怀疑或已知的敌人、对救生人员表示敌意的外国人员或被扣留船只上的可疑人员。

1. 对抗性遇险人员处置程序

首先应当明确,当遇险人员是敌人或者携带武器有敌意时,吊救员不应入水;营救敌方遇险人员时,只能使用救生船且在船首位置有武装人员提供保护;使用直升机营救敌方遇险人员,只能在必要的情况下进行;在面对有对抗性的遇险人员时,吊救员下放后不能连接绞车,如果要连接,吊救员应在和遇险人员有一定距离的位置下放（2 m左右）。如果吊救员判断遇险人员还继续保持攻击性,吊救员应从吊钩上脱离,重新将救援带连接到挂钩上并向绞车手给出收钢索手势。然后再使用对抗性遇险人员程序处置。

（1）接近遇险人员并尝试进行口头交流。尝试言语和/或命令安抚遇险人员。

（2）如果遇险人员是反抗性明显的,不要试图立即对遇险人员的身体进行控制。吊救员应与遇险人员保持安全距离（2 m）,并继续评估情况。

（3）要有耐心。试着让遇险人员平静下来,如果遇险人员没有可使用的漂浮装置,吊救员应尝试向遇险人员提供漂浮装置,同时保持安全距离。

（4）与搜救直升机沟通并简要说明情况。

（5）如有必要利用无线电和/或手势信号请求协助：①请求救生船援助；②请求另一吊救员的帮助。第二名吊救员是主吊救员的备份，并具有以下职责：确保主吊救员的安全；根据情况转换为主吊救员控制营救行动；根据主吊救员要求下放营救装备；一旦到达现场，承担/协助和搜救单元通信；按要求协助主吊救员。

（6）与遇险人员保持 2 m 的距离，并保持警惕（准备立即提供援助），等待遇险人员疲劳、冷静或请求援助。

（7）只有在认为安全的情况下才能对遇险人员进行身体控制。除非出现以下情况，否则不要试图营救对抗性明显的遇险人员：遇险人员请求协助；遇险人员失去意识或能力。

（8）确保遇险人员没有武器，如果遇险人员有意识，指示其双手始终保持在吊救员视野中。一旦完成了身体控制，吊救员应保持警惕，防止遇险人员变得具有对抗性或具有武器。

（9）为营救装备选择合适的程序对遇险人员实施救援。

2. 对抗性遇险人员提升

对抗性遇险人员在提升过程中，应注意做好以下几方面工作。

（1）尽量使用吊架提升，对其实施严格的束缚，尤其是其手部。提升时，吊救员不能一起提升，应使用引导绳保持吊架状态。

（2）使用快速救援带提升时，吊救员必须同时提升，并严格控制其手部动作。

（3）在提升过程中如果遇险人员对抗剧烈，可使用暴力手段使其失去意识。

（4）在提升过程中如果遇险人员的对抗活动影响到机组安全，吊救员果断解除和其之间的束缚。

3. 对抗性遇险人员入舱/登船

对抗性遇险人员在入舱后，应注意做好以下几方面工作。

（1）搜救直升机应将情况、遇险人员的状态通知现场指挥员，并请求在搜救直升机的后送位置提供医疗和安全人员协助。

（2）搜救直升机的机组人员在运输过程中应保持警惕。在运输过程中，搜救单元的机组人员或安全人员应始终在遇险人员旁边，以便在必要时立刻对其实施控制。限制措施将阻止遇险人员在运输途中离开/翻船，救援人员可能需要协助遇险人员在发生事故时离开搜救单元。

（3）一旦登上搜救直升机，应尽快将遇险人员固定在吊架中，并确保舱门和窗口的安全。

（4）救援人员应在运输途中对遇险人员的情况进行评估并提供必要的医疗救助。

（5）一旦搜救直升机落地，救援组人员应将遇险人员转移至等待医疗和/或安保人员处。

三、常见创伤的应急处置与转运

(一)创伤的分类和急救原则

1.创伤的分类

创伤是指各种物理、化学和生物等外源性致伤因素作用于机体,导致体表皮肤、黏膜和机体组织器官机构完整性的破坏,同时或相继出现的一系列功能和心理精神障碍。一般情况下由于事发突然,处置时效性高,在直升机搜救行动中最为常见。创伤的分类和评分是伤情评估、制定治疗方案和评价治疗效果的前提。目前对创伤有多重方法,主要包括以下几种。

(1)按致伤原因可分为故意伤害和意外伤害。

(2)按致伤因子可分为冷兵器伤、火器伤、烧伤和冷伤四种。

(3)按皮肤等体表结构的完整性是否受到破坏,可分为开放性损伤和闭合性损伤两大类:开放性损伤主要包括穿入伤、穿透伤、非穿透伤、贯通伤、穿通伤等,常见的开放性损伤如擦伤、撕裂伤、切伤、砍伤和刺伤等;闭合性损伤包括挫伤、扭伤、震荡伤、关节脱位和半脱位、闭合性骨折、皮肤潜行性剥脱伤等。

(4)按致伤部位可分为颅脑伤、颌面颈部伤、胸部伤、腹部伤、骨盆部伤、脊柱脊髓伤、四肢伤等,也是临床使用上最常用的分类方法。

(5)结合致伤机制和损伤结果可分为钝性伤和穿透伤:钝性伤主要包括交通事故伤、坠落伤和挤压伤等;穿透伤主要包括火器伤、冷兵器伤、咬伤或其他刺伤,可导致机体组织的撕裂、断裂、毁损和挫伤等。强调体腔穿透,如胸膜、腹膜破裂,常伴内脏损伤。

2.创伤急救的原则

由于创伤发生的突然性和不可预测性,伤情复杂变化快,而且在直升机搜救过程中由于救治工作急迫、救治环境特殊,对创伤的现场急救目前尚无统一的救治模式,需根据实际情况迅速做出决定,必须遵循以下几条原则。

(1)时效性原则。一定的伤病在一定的时间段内存在急救成功的可能性,超出这个时间范围,将失去急救成功的机会,"时间就是生命",这是急诊医学救治中的共识。创伤救治中的时效性要求是控制出血、解除窒息、保持呼吸道畅通等治疗应该在白金 10 min 内完成;创伤休克应该在 30 min 内有效干预并控制;胸、腹、盆腔的内脏损伤出血,严重的颅脑损伤应该在黄金 60 min 内得到有效的手术治疗。

(2)准确性原则。对伤情的判断动作要迅速,一般少于 2 min。就创伤而言,降低伤员死亡率、致残率的关键因素是使伤员在短时间内得到最适宜的治疗。因此,按伤情的轻重缓急,对伤员进行甄别是非常重要的,尤其是在搜救大批遇险人员时,由于直升机载荷能力有限,需要分批处置遇险人员,更需要快速准确的甄别。因为在群体性事故中,先救命后治伤、先重伤后轻伤、先抢后救、抢中有救是处置的基本顺序原则。

(3)控制性原则。本世纪初,产生了一个新的外科理念,即损伤控制性外科。其原意是指救治中要优先考虑伤员的整体生理状态,迅速控制损伤部位的出血、污染,避免过多的操作加重对机体的损害,继而对伤员进行有效的处置,盖上其基础生理潜能,为确定性手术创造条件,以挽救一些危重伤员。简言之,损伤控制性外科的含义是迅速控制复杂、危及伤员的病情,利于抗休克和复苏。在直升机搜救过程中,现场处置困难,因此应急处置或控制性处置就显得尤为重要,快速正确的处置可以有效提升搜救效率,机组人员都应重点掌握相关技术。

(4)连续性原则。创伤的链式复苏流程是由症及伤,可在应急处置中提高抢救效果和判断的正确性。主要包括以下6项内容。

1)初步迅速判断伤情、明确伤情的严重程度、伤情的变化趋势、伤员的抢救时机等,确定给予何种程度的抢救支持。

2)实施呼吸通路的阶梯化管理,建立可靠的呼吸通路和支持。

3)建立以中心静脉插管为主的循环通路。

4)系统查体和检查。

5)监测氧利用率来指导全身管理。

6)实施最终处置手术。

在直升机搜救过程中,要落实遇险人员的连续性处置原则,就需要从吊救现场开始为遇险人员建立连贯的救治通道,在现场进行前期处置并快速脱离现场,在返回途中有效监控并进一步处置,转运途中得到连续无缝救治、确保在院前得到时效救治,创建现场救治—途中救治—急诊室—ICU—专科治疗的完整通道。

(二)创伤休克

1.现场救治

创伤休克是指各种严重创伤后机体因大量失血、失液、感染、心脏功能障碍、过度应急反应等导致神经体液调节功能紊乱、心排血量及有效循环血量不足,微循环血液灌注量明显下降,使组织和器官缺血、缺氧,发生多器官紊乱、代谢障碍等生理变化的一种综合症。由于创伤休克常在受伤后短时间内发生,如不及时处理可直接威胁到伤员的生命,其危险性并不亚于严重创伤本身。由于其不是一种独立的疾病,因此应针对引起休克的原因和不同的发展阶段,采取相应的处置措施。

(1)迅速查明和纠正导致休克发生的原因。如控制出血、处理连枷胸等严重危及生命的创伤。

(2)正确判断和尽快纠正血流动力学及代谢功能紊乱。迅速建立输液通道并进行体液复苏,补充体液量,特别是循环血量及功能性细胞外液量的恢复,改善水、电解质及酸碱失衡状态。

(3)有效镇痛、镇静。失血性休克如果合并有神经内分泌因素导致病情加重则会明显加大救治困难,因此对遇险人员进行有效镇痛、镇静十分重要,这不仅是伦理问题也是医疗要求。在对伤者进行搬运、转运途中应注意对骨折部位进行可靠的固定,对意识模糊或失去表达能力的人员更应注意。

(4)早期体液恢复是休克抢救的重要措施,因注意以下问题:①对于出血尚未控制的人员,在出血得到控制前大容量液体复苏和提升血压会导致持续出血或出血加重、血液稀释,造成供氧量不足、凝血功能障碍,因此可实行可耐受的低血压复苏,以保证最大携氧量作为复苏的理想目标,同时减少出血量。一般将收缩压控制在 90 mmHg 左右效果可能较为理想,同时应尽可能控制出血,再进行转运;②复苏液体晶胶比,早期给予血浆、补充凝血因子,常用的晶体液有平衡盐液和等渗盐水;③液体复苏时,应注意保暖。休克时中心温度低于 35℃ 是增加死亡率的严重并发症。

(5)休克的药物治疗。对于液体复苏不能纠正的低血压或组织灌注不足,以及危及生命的低血压在液体复苏的同时,均需要立即使用升压药物提高血压。

2. 转运指征

直升机转运过程中,飞行队休克人员的影响主要表现在以下三方面。

(1)可能存在失血性贫血。急性失血直接造成血液氧含量下降,加上创伤的强烈刺激、直升机转运的体能消耗,以及未能很好地进行血液和体液补充,将使伤员对缺氧的代偿能力大幅度降低。航空环境的缺氧,势必会进一步加重贫血伤员的缺氧,可加剧休克。

(2)空中低气压对抗休克裤的应用有影响。

(3)高空的低气温将会进一步加重休克。

一般认为,轻、中度休克在直升机转运前经地面抗休克处理后伤病情好转,即使休克尚未完全纠正,也可在严密的医学观察下进行转运,对于濒死的伤病员则不适宜用直升机转运。

对中度失血性贫血,如血红蛋白保持在 60 g·L^{-1} 以上,伤员一般状况良好,采用直升机转运通常是安全的;如血红蛋白为 50 g·L^{-1},经地面处理后伤病情稳定,无继续活动性出血,脉搏在每分钟 120 次以下,可在基本纠正酸中毒后慎重转运。

如有开放性伤口要先进行包扎、止血、固定等处置。

3. 转运与监护

休克伤员病情变化快,转运途中需要严密监测,随时了解病情变化,及时制定或修改诊疗措施,以保证伤员的安全转运。

(1)机上监护。对休克人员的机上监护,应着重注意以下几方面。

1)严密观察伤员的生命体征,如血压、脉搏、呼吸、意识、表情、反应力、面部及肢体皮肤的温度、颜色等,随时掌握伤情变化及转归情况,调整治疗方案。

2)留置导尿管,观察记录每小时尿量。

3)对穿抗休克裤的遇险人员,要注意裤压的变化,特别是飞机上升和降落时。

4)纠正代谢性酸中毒,pH<7.20 时需要积极处理,一般给予 5% $NaHCO_3$ 以纠正。

5)乳酸检测,血清乳酸较代谢性酸中毒能够反应组织灌注不足和休克程度。

6)混合静脉血氧分压或混合静脉血氧饱和度,可通过中心静脉导管取样检测,有助于指导早期休克的复苏。

(2)注意事项。对休克伤员的机上医疗护理,应着重注意以下几方面。

1)调整伤员体位,使其头抬高 10°,脚抬高 20°,并注意保暖和防暑。

2)持续吸氧,无论登机前在地面是否正在供氧。

3)建立良好的静脉通道,如未到达复苏终点,继续液体复苏。

4)纠正酸中毒及水、电解质平衡紊乱(如机上无诊断设备,难以做出有效诊断,可参考登机前检查结果,结合机上输液情况及伤员症状予以初步判断)。

5)有效维持和稳定重要脏器的生理功能,消除创伤的不利因素。

6)早期应用抗生素预防感染。

7)注意转运途中保暖。

8)减少搬动,必要时动作要轻,飞行员操控飞机尽量平稳。

(三)颅脑损伤

1.现场急救

现场急救在颅脑损伤的整个急救过程中是十分重要的环节,其目的在于为原发性损伤提供恢复的条件、避免或减轻继发性损伤。及早、准确判断颅脑损伤类型、部位、程度,尽快清除颅内占位性病变和控制颅内压,加强全身综合治疗和康复是颅上损伤救治的重要环节。对于颅脑损伤患者首先应尽快使其脱离现场,然后按照以下程序进行现场急救。

(1)重点了解病情。检查动作要迅速,不可因检查过久耽误急救处置,也不可粗心大意,漏检重要的损伤和体征。重点检查意识、瞳孔和眼球运动变化、神经定位体征以及生命体征。昏迷、意识障碍进行性加重、频繁呕吐等是伤情较重的指标。

(2)保持呼吸道通畅。尽快清除伤者口腔及呼吸道异物和分泌物,保持呼吸道通畅。昏迷者可采用侧俯卧位,或放一咽部通气管,或暂时牵出遇险人员舌头,必要时可行气管插管,或行气管切开、给氧。

(3)伤口止血、包扎。有创口出血者,应迅速止血。止血后,用无菌敷料将头部创面覆盖,以减少创面的污染,但当外耳道和鼻孔流出脑脊液或血液时,绝不用手绢、棉球去堵塞。嵌于颅内的致伤物在吊救和转运过程中切不可撼动、拔出,应加以固定、保护,一同转运。伴脑突出者,可做一个海绵圈或棉圈置于脑突出的四周,再用无菌敷料覆盖,做简单包扎。

(4)失血性休克处理。应迅速止血和补充液体和输血,如非头皮裂伤失血过多引起,应想到复合伤的可能,在积极抗休克的同时,应仔细检查、及时发现和处理复合伤。

(5)脱水治疗。有颅内增高,补液需缓慢,且应限制入液量,以免脑水肿加重,必要时可考虑脱水治疗。

(6)慎用镇静药物。

2.转运指征

对颅脑损伤伤员,转运时,要充分考虑以下伤情。

(1)呼吸、循环功能有无障碍。途中是否会发生呼吸、循环紊乱,若已出现或有可能出现,则应尽可能就地抢救、治疗,暂缓转运。

(2)有无发生脑疝可能。若出现一侧瞳孔放大,对光反射消失,伴有意识障碍或血压升高,脉搏、呼吸减慢,为脑疝的典型特征,此类伤员应就地抢救,暂缓转运。

(3)颅内出血或创伤出血是否停止。颅内或全身其他部位有活动性出血者,需彻底止血;伴有严重休克及严重失血的伤员,应纠正休克,提高血红蛋白含量,待病情平稳后再行转运。

(4)其他。有些伤员因颅脑贯通伤或筛窦、脑室等损伤,往往处于昏迷或半昏迷状态,并常常伴有截瘫、高热或颅内感染等症状,对此类伤员应紧急转运。

一般认为,伤员生命体征稳定,无明显颅压增高症状,即可转运。

3.机上监护

直升机转运前,虽已进行相应的医疗处置,伤情大多已经稳定,但多数伤员仍处于脑水肿期,伴有不同程度意识障碍,呼吸道分泌物多,昏迷者尤其明显,其咳嗽、吞咽反射减弱,容易误吸窒息;颅骨骨折累及鼻旁窦和中耳,使空气进入颅腔,造成颅内积气,或发生脑脊液漏;颅内金属异物因飞机颠簸、震动,造成异物移动,加重脑损伤或导致颅内出血。因此,机上应加强监护,随时了解病情发展,及时发现和处理意外情况及并发症。

(1)机上安置。遇险人员的体位一般采取平卧位,头部抬高15°～30°。昏迷伤员可采用侧卧位或侧俯卧位,以免因呼吸道分泌物或呕吐物的误吸而发生窒息。对疑有颈椎损伤者,要注意保持头颈的自然伸直位置,以防止脊髓损伤。担架上可铺较厚的棉被和软物,以减轻震动,可适当抬高头部。

(2)安排伤员登机原则,分别安排轻、重伤员先后登机,合理安排伤员位置,确保安全。对神志清楚的伤病员设置交流盘、写字板,便于机上交流。根据飞行环境,指导轻伤员在飞机降落时捏鼻、鼓腮防止气压性中耳炎,并使用耳塞,减轻噪音影响。对昏迷伤员,应与机组联系,减慢飞机上升、下降速度。

(3)伤病监测和处理。颅内压增高、诱发脑疝形成是颅脑损伤者在转运过程中可能发生的最危险情况。途中应严密监测,如出现躁动、脉搏洪大有力、心率减慢、呼吸变慢和血压升高等先兆,及时给予相应的处置,必要时下降飞行高度。

(四)颌面颈部伤

1.现场急救

(1)颌面部损伤现场急救。颌面部损伤时,由于组织移位、出血或血肿,碎牙骨片、异物或分泌物误吸等,容易影响呼吸,甚至造成窒息,因此,应针对不同病因采取适当方法解除呼吸障碍,防止窒息,这是处理颌面部损伤的首要。颌面部血液循环丰富,可造成大出血,但又不易压迫止血,故及时止血,合理包扎,积极治疗休克及其并发症。颌面部动脉出血急救时可采取压迫止血法进行处置。

1)压迫颞动脉。手指压在耳前下颌关节处,可止同侧上颌、颞部及前头部出血。

2)压迫颌外动脉。手固定头部,另一手拇指压在下颌前下方2～3 cm处,可止同侧脸下部及口腔出血。

3)压迫颈动脉。将同侧胸锁乳突肌中段前缘的颈动脉压至颈椎横突上,可止同侧头颈部、咽部等广泛出血。注意颈动脉不能压迫时间过长,更不能两侧同时压迫,以免引起严重脑缺血,更不要因匆忙而将气管压住。

(2)颈部损伤现场急救。颈部受伤后最大的危险是窒息、大出血及高位截瘫等,故伤后死亡率较高。因此对颈部创伤能及时、正确和恰当的早期处理极为重要。处理的原则主要有以下三方面。

1)立即建立有效的呼吸通道是抢救成功的关键。

2)及时有效的控制出血、直接压迫出血区是临时止血的最佳方法,颈静脉出血者应及时用纱布块压迫封闭裂口,防止空气栓塞。条件允许时,同时向下扩大皮肤切口,近心端结扎静脉。

3)创面无菌敷料包扎,不做缝合。

2.转运指征

一般认为,伤员神志清楚、无明显呼吸困难、生命体征稳定,可进行转运。

伴有意识障碍(神志恍惚、昏迷)或呼吸困难、呼吸道分泌物多者,一般应在常规气管切开情况下转送;伴严重呼吸困难、虽经气管切开仍无明显缓解者,加之伤口渗血不止,应待伤病稳定后再考虑转运。

颈部血管损伤的伤员,经手术修补结扎后,无活动性渗血,在观察 24 h 后,可考虑转运。

颌骨骨折伤员上下颌固定,会影响呕吐物排出,在登机前应给予防晕机药物,并准备好随时拆除固定的工具,以免在机上发生晕机呕吐导致呼吸道阻塞。

3.机上监护

(1)机上安置。根据伤情采取相应的体位,一般采取半坐位,方便肺部呼吸运动,利于咳嗽和吐出口腔内的分泌物;也可采取侧卧位或俯卧位,为预防吸入性窒息的发生,对颌面部伤后的昏迷者,在转运时可采取俯卧位,把颌部垫高,使口鼻悬空,便于涎液、呕吐物及血液等其他异物外流,同时这种体位也可以防止舌后坠堵塞呼吸道。

(2)机上监测与护理。直升机航空环境对颌面颈部伤遇险人员的主要影响有:震动造成骨折移位、异物移动损伤血管或血管结扎线松脱,引起出血、形成血肿;血液、凝血块、碎骨片、异物等落入呼吸道,造成窒息;张口困难或行颌间固定的伤员,因晕机呕吐,导致误吸、窒息等;听器损伤伤员,可因噪声刺激而加重损害等。因此,空中医疗护理的重点在于针对上述影响进行合理的处理,具体方法如下:

1)严密监测生命体征,尤其是呼吸情况,注意保持呼吸道通畅、给氧。

2)仔细检查骨折固定是否牢固,有无松动现象及脱落危险。

3)行上、下颌间固定的伤员,为防止呕吐、误吸窒息,除了备好紧急拆除固定装置的工具外,还应常规肌注预防晕机药物,必要时可重复使用。

4)为减轻震动及噪声的影响,坐位伤员应给予头和背部软枕;担架伤员与担架上铺垫棉被及软物,佩戴耳塞、耳罩或耳塞棉花,对听器损伤者可作为一项常规。

5)保持通畅的静脉注射通道,便于紧急处理时给药。

6)持续或间断性给氧。

(五)胸部伤

1.现场急救

胸部外伤较为常见,汶川地震伤员中,胸外伤占创伤总数的8%～10%,胸部创伤时由于心肺等重要脏器损伤,死亡率较高,也是创伤死亡的主要原因之一。现场急救的原则为保持呼吸道通畅和胸部完整,恢复呼吸循环功能,解除血气胸和心包积血的压迫,防治胸腔内感染。具体处置方法如下。

(1)保持气道通畅,及时清理呼吸道。

(2)开放性气胸伤员立即用急救包、衣物、毛巾或手掌堵塞伤口,范围超过创缘5 cm,变开放性气胸为闭合性气胸,但不能往创口中加压填塞。当有血气胸或张力性气胸时,应立即行胸腔穿刺术或闭式引流术,排出胸腔积气,降低胸内压。纵隔发生气肿,引起呼吸困难时,要经胸骨上窝切开排气。

(3)对浮动胸壁连枷胸伤员,应迅速纠正反常呼吸运动。如胸壁加压包扎固定或牵引固定,必要时进行控制性机械通气,注意保持气道通畅、限制输液量、给予止痛等。休克或呼吸窘迫者即刻进行气管插管。

(4)对有心脏压塞者,在抗休克治疗的同时,立即进行心包穿刺减压或紧急手术。

(5)肺部实质有出血时,一般多可自行止血,但肋间或胸壁血管出血时,应进行结扎或缝合止血。对发生失血性休克者,立即输液,在出血未进行确定性处理前,应限制输液量,维持收缩压在80～90 mmHg即可。

(6)胸部挤压或冲击伤出现窒息性倾向时,除防止休克、给止痛药、镇静药之外,必须供氧,行气管切开术。经抗休克治疗后,仍有血压不稳定、心率快、有胸痛、咳血等症状时,应排除有无肺损伤。

(7)注意其他部位合并伤,不能回答问题或有神志变化者,应考虑有颅脑损伤;颈后疼痛、压痛,应怀疑颈椎骨折或脱位。

(8)严密观察呼吸、血压、脉搏、神志的变化,有条件可监测血气和心功能。

2.转运指征

一般认为,多数胸部伤伤员在经过适当处理,呼吸、循环功能稳定的情况下,是可以尽早转运的,单纯胸部软组织伤和单纯肋骨骨折,经清创固定等处理后,即可转运。多根多处肋骨骨折,因胸壁软化影响呼吸功能,在胸壁稳定后,无呼吸功能障碍时可及时转运。但气胸在未经处理前应禁止空中转运,胸腔置管是最安全的方法,但所有胸腔闭式引流管上机前必须关闭牢靠,或改换成单向活瓣式导管,以防空气逆流入胸腔。

直升机航空环境对胸部损伤伤员的影响,主要是导致呼吸、循环功能紊乱:①空中氧分压降低,肺泡内的氧分压也降低,引起或加重缺氧;②血气胸、气胸、纵隔气肿因空气气压降低而产生气体膨胀,压迫气管、纵隔、肺和大血管等,进一步加重呼吸、循环功能的障碍。此外,颠簸、震动可使血、气胸复发,或因金属物移动造成胸腔和肺组织损伤,引起出血气胸等。因此,血气胸伤员在转运前,有条件的应该进行常规透视,证明胸腔内积血、尤其是积气基本吸收或肺组织压缩不超过1/3,转运才比较安全。如不能满足此条件而必须转运,生命指征应基本正常,而且要尽量将胸腔内积气、积血抽至最低限度。飞行中要求飞行高度控制在 3 000 m 以下,这对绝大多数伤员是安全的。

此外,对胸骨骨折的伤员,应过伸仰卧位搬运,防止继发性损伤。

3.机上监护

胸部伤的机上监护主要把握以下环节。

(1)严密观察生命体征,观察伤员有无注意力不集中、烦躁、皮肤湿冷的现象,定时测血压、脉搏,及时发现伴随的其他损伤。

(2)应注意观察有无呼吸困难、发绀及其他缺氧表现,检查气管位置是否居中,并观察呼吸动度及胸廓和肋间的饱满程度等。鼓励咳嗽排痰,或用鼻导管吸痰,保持其呼吸道通畅。

(3)一般情况下,宜采用仰卧位或伤侧卧位。有呼吸困难者,可取半卧位,并嘱咐伤员进行腹式呼吸,以减轻疼痛。

(4)怀疑伴食管损伤者,应禁水、禁食。胸部挤压或冲击伤的伤员,要避免过量输液或输血,严密观察呼吸情况,防止肺水肿的发生。

(5)如有胸腔闭式引流,要保持引流装置低于胸腔水平,防止引流液反流或气体进入胸腔,由于空中飞行颠簸,最好使用单向阀门的引流装置。观察引流液的量和性状等,了解出血、渗出情况。要观察引流管是否固定良好、是否畅通。在咳嗽排痰时,要注意保护伤口,并轻提引流管,防止管道摆动引起疼痛等。

(6)对病情危重或气管切开的伤员,应持续吸氧,并有专人护理,注意及时清除气管内的分泌物。

(7)转送过程中对情况紧急者也可以进行机上胸腔闭式和气管切开等抢救措施。

(8)所有线管必须加强固定,防止移位或脱落。

(六)腹部外伤

1.现场急救

腹部外伤包括腹壁伤和腹脏器伤。资料表明,腹部伤的死亡率与伤后至确定手术时间有着密切关系,一般情况下伤后两小时内获得正确的治疗,90%的伤者可望治愈,但随着时间的延迟,死亡率明显增加。因此,对腹部伤的伤员,应尽可能早诊断、恰当处置并优先转运。在现场急救时,主要做好以下几项。

(1)及时发现和处理威胁生命的损伤,如保持呼吸道通畅,控制明显的外出血等,维护呼吸循环功能。

(2)当发现腹部有伤口时,可予以包扎。若有内脏自伤口脱出,不要试图推回腹腔,以免污染腹腔,可用急救包或大块敷料加以遮盖,然后用碗装物品盖住防止受压,外面再予以包扎。如脱出的肠管有绞窄的可能,可将伤口扩大,将内脏送回腹腔,因此时的主要矛盾是肠坏死而不是感染。脱出的内脏如有破裂,可用血管钳钳住后一并包扎在敷料内。

(3)注意禁食、禁水,必要时可进行胃肠减压、肛管排气、留置导尿,观察肠胃引流液性状和尿量。

(4)建立输液通道,补充血容量、防止休克;应用抗生素、防治感染。

(5)诊断明确前不可随意使用止痛药,以免遮盖病情。

2.转运指征

直升机转运对腹部伤的影响,主要是因空气中低气压导致胃肠道气体膨胀引起的一系列病例生理反应,如严重的胃肠道胀气可引起腹痛、胃肠穿孔,或导致胃肠道吻合修补手术的失败、腹腔壁切口裂开、肠梗阻及肠瘘加重以及影响呼吸、循环功能。另一方面,颠簸、震动及不适当的搬运,可以使腹腔实质脏器(如肝、脾、肾等)挫伤及包膜下出血加重,甚至导致腹腔大出血。

一般认为,腹部创伤手术后的伤员,在伤口愈合或基本愈合的情况下,直升机转运是安全可靠的,胃肠道手术后的伤员,一般情况下可在手术后第五天转运,如果必须尽快转送,需在肠胃已排气的情况下;腹部实质脏器损伤,经手术修补或切除后,生命体征平稳、无明显腹胀、可听到肠鸣音的条件下可转运;腹部伤手术后保留有胃肠减压管、腹腔引流管及导尿管,术后无其他并发症、生命体征稳定、一般情况良好,在束腹带或用其他方法加压包扎腹部的条件下,可在术后 48 h 考虑转运。同时要限制飞行高度,最好保持在2000 米以下,并注意登机前插入肠胃减压管、进行腹部按摩、放松裤带、给氧及飞行前排便。如果腹部伤情诊断尚不明确,特别是怀疑肝脾破裂而未进行手术探查,肠胃功能未恢复等,应尽快明确诊断,完成初步医疗处理,稳定伤情后尽快转运。

3.机上监护

经急救处理后,在严密的观察下,尽快转运,机上监护重点主要包括以下几项内容。

(1)严密观察伤员的生命体征变化,尤其要注意有无休克症候。

(2)观察腹部情况,如有无腹胀、腹痛及腹胀、腹痛的程度、范围,腹部敷料由于渗出,渗出液的量、颜色、气味等。如出现腹胀、腹痛症状加剧,在排除其他原因后应下降飞行高度。

(3)胃肠减压管及腹腔引流管是否通畅、固定,引流液的量、气味、颜色、性状。

(4)尽量使伤员半卧位,可用衣物垫于膝后,使髋膝呈半屈状以减轻腹壁张力,减轻伤员痛苦,也便于腹腔内液体的引流。

(5)严重腹胀者,可用吸引器或大注射器抽吸肠胃内气体和胃液,进行胃肠减压,或将胃的减压管接负压引流袋持续负压吸引,或同时施行肛管排气。无效时,应通知机组降低飞行高度,直至症状减轻或消失。

(6)要禁水、禁食,可用盐水棉球润湿嘴唇。

(7)保持静脉通道输液,维持营养、水、电解质和酸碱平衡,并便于抢救时使用方便。

(七)脊柱与脊髓伤

1.现场处理

脊柱损伤多伴有脊髓损伤,脊髓损伤后常出现肢体瘫痪、感觉障碍及大小便功能障碍等,在处置时主要注意以下事项。

（1）处理致命性的合并伤，如建立气道、维持呼吸、循环功能，控制大出血和抗休克等。

（2）判断损伤部位有无截瘫，妥善固定，防止继发性脊髓损伤。

（3）解除脊髓压迫。及时解除对脊髓的压迫是保证脊髓功能恢复的首要问题，如手术移除局部血肿、骨片压迫等。

（4）注意维持能量及水、电解质和酸碱平衡。防治感染和深静脉血栓发生。

（5）给予导尿，保留尿管。

2. 直升机转运

一般认为，只要伤员的生命体征稳定、一般状况良好，即可进行直升机转运。转运脊柱、脊髓伤伤员的主要风险在于转运环境或不当的搬运，从而导致或加重脊髓损伤。因此，在转运过程中，要格外小心，以免造成脊髓的进一步损伤。搬运时，应2～6人站于伤员一侧托起伤员，使伤员呈一整体，并由专人托扶头部，防止在搬运时脊柱扭曲、牵拉、移位，进而加重脊髓损伤。机上应使用专门的固定架。伤员平卧，不用枕头，颈两侧用软物垫好，防止在转运途中发生旋转；肢体应安放于功能位置；骨隆起部位置软垫或气圈，防止局部受压形成压疮。

3. 机上监护

空中监护需要特别注意以下几个问题。

（1）保持伤员安静，可适当使用镇静、止痛药物。

（2）截瘫者，应严密观察呼吸情况，并常规吸氧。对有困难及发绀表现者，可行环甲膜切开或气管切开，通常呼吸道、辅助呼吸。已行气管切开者，应做好气管切开护理。

（3）脊椎骨折已用石膏固定，石膏超过伤员腹部，在转运前应将石膏拆开。途中观察腹部情况，防止肠蠕动功能减弱或麻痹，引起严重腹胀，必要时应于肠胃减压及肛管排气。

参考文献

[1] 中华人民共和国海事局.国际航空和海上搜寻救助手册[M].2卷.北京:人民交通出版社,2003.

[2] 郑静晨,侯世科,樊毫军.国内外重大灾害救援案例剖析[M].北京:科学出版社,2011.

[3] 朱玉柱.海上搜寻与救助[M].大连:大连海事大学出版社,2017.

[4] 于耕.航空应急救援[M].北京:航空工业出版社,2009.

[5] 周开园,袁家乐,张建杰,等.国外直升机医疗救援体系发展现状及启示[J].解放军医院管理杂志,2018,25(7):674-678.

[6] 贺安华.国际航空医疗救援的主要模式与启示[J].中国民用航空,2016,223(4):37-39.

[7] 辛军国,赵莉,汪瑞欧,等.我国空中医疗急救发展现状与体系构建建议[J].现代预防医学,2021,48(8):1418-1422.

[8] 陈玲,郝志梅.我国空中急救发展现状分析与对策[J].中华灾害救援医学,2021,9(2):816-818.

[9] 刘峰,徐晓东,肖曙光.我国航空应急救援现状及发展建议[A].2010(沈阳)国际安全科学与技术学术研讨会论文集[C].2010:1007-1009.

[10] 刘兵,邢春利,彭明强.国内航空医疗救援现状[J].中国急救复苏与灾害医学杂志,2016,11(4):413-416.

[11] 郭爱斌,高雯,刘斌,等.空地一体化医疗救援体系建设实践及运行模式研究[J].中国急救医学,2021,41(5):438-443.

[12] 肖清滔,钟歆.国外直升机应急救援体系现状与启示[J].中华灾害救援医学,2018,6(8):455-459.

[13] 张亚丽.美国空中医疗救援的发展与现状[J].中国应急救援,2015(3):52-54.

[14] 王润东,陈文伟,葛伟,等.海上搜寻救援民用航空器法律法规体系综述性研究[J].民航学报,2021,5(2):98-100.

[15] 沈笑云,赵元浩,秦芹,等.通用航空搜救系统设计与实现[J].计算机工程与设计,2020(2):4-7.

[16] 何鑫,熊升华,杨鑫,等.我国通航应急救援体系现状与展望[J].中国民航飞行学院学报,2020,31(3):31-35.

[17] 王崇.海上搜救的国际法问题研究[D].大连:大连海事大学,2018.

［18］中华人民共和国搜寻救援民用航空器规定［Z］.中华人民共和国国务院,1992.

［19］国家海上搜救部际联席会议制度［Z］.中华人民共和国国务院,2005.

［20］国家处置民用航空器飞行事故应急预案［Z］.中华人民共和国国务院，2006.

［21］国家海上搜救应急预案［Z］.中华人民共和国国务院,2006.

［22］民用航空器搜寻救助预案［Z］.中华人民共和国交通运输部,2012.

［23］徐凯旋,赵胤杰,李中义,等.我国空中紧急救护发展现状及前景展望［J］.中国急救复苏与灾害医学杂志，2017，12(8):786－789.

［24］毛婕瑾,袁轶俊.我国直升机医疗救援实践及展望［J］.中国急救复苏与灾害医学杂志，2018,13(8):779－781.

［25］钟斌,田剑清.我国航空医疗救援发展现状及策略［J］.中华灾害救援医学，2019，7(9):531－535

［26］武秀昆.如何科学构建具有中国特色的航空医疗救援之路［J］.中国急救医学，2015，35(9):863－864.

［27］闫鹏,杨帅,张强.航空应急救援专业化力量建设的战略性思考(上):航空应急救援概述及发展现状［J］.中国减灾，2019,29(1)：44－49.

［28］张美进,丁迎周.国外直升机应急救援的特点与启示［J］.中国急救复苏与灾害医学杂志，2011，6(4):338－340.

［29］李航.我国航空应急救援现状及发展策略［J］.科技创新与应用，2019,8(6):135－136.